Stephan Neudeck

Vergleichende Untersuchung von Desfluran und Propofol in equipotenten Dosierungen in Kombination mit Dexmedetomidin hinsichtlich zentraler Kreislaufparameter und der peripheren Perfusion und Oxygenierung beim Pferd

Cuvillier Verlag Göttingen
Internationaler wissenschaftlicher Fachverlag

Bibliografische Information der Deutschen Nationalbibliothek

Die Deutsche Nationalbibliothek verzeichnet diese Publikation in der Deutschen Nationalbibliografie; detaillierte bibliografische Daten sind im Internet über http://dnb.d-nb.de abrufbar.

1. Aufl. - Göttingen : Cuvillier, 2016

Zugl.: Hannover (TiHo), Univ., Diss., 2016

Nonnenstieg 8, 37075 Göttingen

Telefon: 0551-54724-0

Telefax: 0551-54724-21

www.cuvillier.de

1. Auflage, 2016

Gedruckt auf umweltfreundlichem, säurefreiem Papier aus nachhaltiger Forstwirtschaft.

ISBN 978-3-7369-9411-9

eISBN 978-3-7369-8411-0

Tierärztliche Hochschule Hannover

Vergleichende Untersuchung von Desfluran und Propofol in equipotenten Dosierungen in Kombination mit Dexmedetomidin hinsichtlich zentraler Kreislaufparameter und der peripheren Perfusion und Oxygenierung beim Pferd

INAUGURAL – DISSERTATION

Zur Erlangung des Grades eines

Doktors der Veterinärmedizin

- Doctor medicinae veterinariae -
(Dr. med. vet.)

vorgelegt von
Stephan Neudeck
Münster

Hannover 2016

Wissenschaftliche Betreuung: Prof. Dr. Sabine Kästner
Dr. Klaus Hopster

1. Gutachter: Prof. Dr. Sabine Kästner
2. Gutachter: Prof. Dr. Manuela Gernert

Tag der mündlichen Prüfung: 31.10.2016

Teile dieser Arbeit wurden im Rahmen eines Vortrages auf dem Frühjahrskongress der Association of Veterinary Anaesthetists in Lyon, Frankreich, 2016 veröffentlicht.

Meinen wundervollen Eltern gewidmet

Inhaltsverzeichnis

Abkürzungsverzeichnis

AU	arbitrary units
CaO_2	arterieller Sauerstoffgehalt
CI	Herzminutenvolumen Index
cm	Zentimeter
CO	Herzminutenvolumen
h	Stunde
IPPV	intermittent positive pressure ventilation
kg	Kilogramm
KGW	Körpergewicht
mA	Milliampere
MAC	Minimale alveoläre Konzentration
MAP	mittlerer arterieller Blutdruck
mg	Milligramm
min	Minute
MIR	Minimale Infusionsrate
ml	Milliliter
mmHg	Millimeter Quecksilbersäule
ms	Millisekunde
nm	Nanometer
$P_{(A-a)}O_2$	Alveoläre-arterielle Sauerstoffdifferenz
$PaCO_2$	arterieller Kohlenstoffdioxidpartialdruck
PaO_2	arterieller Sauerstoffpartialdruck
PIP	peak inspiratory pressure
SaO_2	arterielle Sauerstoffsättigung
Std	Stunde
SV	Schlagvolumen
SVI	Schlagvolumen Index
SVR	Systemischer Gefäßwiderstand
TIVA	Total intravenöse Anästhesie
VO_2	Sauerstoffverbrauch
W	Watt
µg	Mikrogramm

L	Liter
°C	Grad
%	Prozent

1 Einleitung

Die Allgemeinanästhesie in der Pferdemedizin steht heutzutage immer noch hohen Herausforderungen gegenüber. Anders als in der Kleintier- oder Humananästhesie ist die Pferdeanästhesie zurzeit noch mit hohen Mortalitätsrisiken verbunden. Das Mortalitätsrisiko ist mit 1,6 % (JOHNSTON et al. 2002) deutlich höher als bei vorher genannten Spezies Mensch mit 0,00055-0,001 % (RENNER et al. 2015) und Kleintier mit 0,15 % (CLARKE u. HALL 1990). Ein hoher Anteil wird dabei durch postoperative Komplikationen wie postanästhetischen Myopathien (JOHNSTON et al. 2002) und Koliken (NELSON et al. 2013) ausgemacht. Diese werden insbesondere mit einer in Allgemeinanästhesie verminderten kardiovaskulären Leistung als auch mit einer geminderten Perfusion in Verbindung gebracht (GRANDY et al. 1987; LINDSAY et al. 1989). Die Relevanz der peripheren Perfusion hat in den letzten Jahren immer mehr an Bedeutung gewonnen und kann für eine Vielzahl der während der Anästhesie entstehenden Probleme verantwortlich gemacht werden (HUBBELL u. MUIR 2015). So führt die Allgemeinanästhesie bei Pferden dosisabhängig zu einer verminderten kardialen und vaskulären Leistung und einem geminderten Sauerstofftransport, was zu einer verminderten Perfusion der peripheren Organe insbesondere des Gastrointestinaltrakts (HOPSTER et al. 2015b) und der Muskulatur (RAISIS 2005b) führt.

In der Vergangenheit gab es viele Untersuchungen, die den Einfluss verschiedener volatiler Anästhetika auf das Herzkreislaufsystem untersucht haben, ohne jedoch den Einfluss auf die periphere Perfusion zu untersuchen (STEFFEY u. HOWLAND 1978; STEFFEY u. HOWLAND 1980a). Imbalancen zwischen Makro- und Mikrozirkulation können trotz gut erhaltener kardiovaskuläre Parameter während der Anästhesie entstehen (HELLYER et al. 1991). Daher ist es umso wichtiger nicht nur den Effekt verschiedener Anästhetika auf das Herzkreislaufsystem zu untersuchen, sondern auch die Mikrozirkulation der peripheren Organe mit einzubeziehen.

Die total intravenöse Anästhesie (TIVA) hat mehr und mehr an Bedeutung gewonnen, da verschiedene Studien über gut erhaltene kardiovaskuläre Parameter im Vergleich zur Inhalationsanästhesie berichten (TAYLOR et al. 1995; JOHNSTON et al. 2002).

In der hiesigen Studie wurden zwei verschiedene balancierte Anästhesieprotokolle einander gegenübergestellt. Propofol (MAMA et al. 1996; DE BLASI et al. 2008;

KOWALCZYK et al. 2013), als Injektionsanästhetikum, und Desfluran (HARTMAN et al. 1992; O'RIORDAN et al. 1997; STEFFEY et al. 2005; FIJALKOWSKA u. KOWALCZYK 2010a) als volatiles Anästhetikum, wurden auf Grund ihrer Pharmakokinetik und wenig depressiven Eigenschaften im Hinblick auf die periphere Perfusion gewählt. In Bezug auf die klinische Anwendung wurden beide Anästhetika mit Dexmedetomidin, einem hochselektivem Alpha-2-Adrenorezeptor-Agonisten, balanciert, welches ebenfalls sehr günstige pharmakokinetische Eigenschaften (BETTSCHART-WOLFENSBERGER et al. 2005) aufweist.

Mit der Kombination zweier nicht-invasiver Messtechniken, der Weißlichtspektrometrie und der Laser-Doppler-Spektroskopie, war es uns möglich in Echtzeit den Blutfluss sowie die Oxygenierung zu bestimmen. Das O2C wurde schon erfolgreich in experimentellen Untersuchungen sowohl in der Humanmedizin (COERPER et al. 2003b; BECKERT et al. 2004) als auch in der Pferdemedizin (REICHERT et al. 2014; HOPSTER et al. 2015b; WITTENBERG-VOGES et al. 2015; DANCKER et al. 2016) zur Evaluierung der Mikrozirkulation und Oxygenierung verschiedener Gewebe angewendet. Dabei stellte sich heraus, dass es eine zuverlässige und leicht anzuwendende Methode ist (FORST et al. 2008; REICHERT et al. 2014).

2 Literaturübersicht

2.1 Mikrozirkulation und Oxygenierung

2.1.1 Allgemeine Definition

Die Mikrozirkulation bildet den Teil der Blutzirkulation, in dem Nährstoffe, Wasser, Gase, Hormone und Stoffwechselprodukte zwischen dem Blut und den Zellen ausgetauscht werden. Die Hauptaufgabe des Blutes besteht darin, den Körper mit Sauerstoff zu versorgen. Diese Funktion ist abhängig von der Exposition von Erythrozyten zu ventilierten Arealen der Lunge und der folgenden systemischen Verteilung zu dem Gewebe (MUIR u. WELLMAN 2003). Die Gewebeoxygenierung ist abhängig vom Blutvolumen und der fraktionellen Verteilung des oxygenierten Blutes in die Peripherie. Die Schlüsselkomponenten des kardiovaskulären Systems werden durch das Blutvolumen, die kardiale Funktion, den vaskulären Tonus und die Regulationsmechanismen für die Verteilung des Blutes je nach metabolischer Rate (VO_2) repräsentiert. Der Sauerstoffgehalt (CaO_2) im Blut wird bestimmt durch den arteriellen Sauerstoffpartialdruck (PaO_2), die Hämoglobinkonzentration sowie die sigmoidale Beziehung zwischen PaO_2 und Hämoglobinsättigung mit Sauerstoff (SaO_2) (FENGER et al. 2000; CAMBIER et al. 2005).

Die Mikrozirkulation ist ein komplexes System, dass aus Arteriolen, Kapillaren und Venolen besteht, die kleiner als 100 µm sind, und vor allem der Regulation des Sauerstoffangebots und –bedarfs dienen (DEN UIL et al. 2008). Virtuell gesehen ist jede Zelle im Körper im engen Kontakt zu mindestens einem Mikrogefäß, um so die Diffusionsdistanz so gering wie möglich zu halten. Neben der vorher genannten Funktion ist eine weitere Aufgabe der Mikrozirkulation die Regulierung des Gefäßwiderstandes. Dabei interagiert sie mit dem Herzauswurf, um den arteriellen Blutdruck aufrechtzuerhalten. Es besteht ein ständiger Konflikt zwischen der Regulation des Gefäßwiderstandes, um den arteriellen Blutdruck aufrechtzuerhalten, und der Regulation des nötigen Blutflusses, der für den Metabolismus der Zellen in den verschiedenen Geweben benötigt wird. Der Kompromiss besteht darin, den mittleren arteriellen Blutdruck, durch Erhöhung des arteriellen Gefäßwiderstandes auf Kosten eines verringerten Blutflusses zu den Organen aufrechtzuerhalten. Das Gewebe reagiert darauf mit einer erhöhten Extraktion des Sauerstoffs und der

Nährstoffe in den Mikrogefäßen, um so einen geringeren Blutfluss auszugleichen (BOHLEN 1995).

Die Kapillaren, welche das Blut von den terminalen Arteriolen erhalten und es weiter an postkapilläre Venolen abgeben, bilden ein Rohr aus Endothelzellen und sind von einer Basalmembran umgeben. Die Endothelmembran enthält kleine Poren zur Diffusion, die durch irreguläre „tight junctions" gebildet werden. Kapillaren selbst besitzen keine glatten Muskelzellen, sind jedoch von Perizyten umgeben, die die strukturelle Integrität der Kapillaren unterstützen (BOHLEN 1995). Je nach Organ sind die Kapillaren - den metabolischen Anforderungen entsprechend - unterschiedlich aufgebaut und verteilt (KROGH 1919). Der kapilläre Blutfluss, der vom Antriebsdruck, dem arteriellen Tonus und den Flusseigenschaften des Blutes beeinflusst wird, sowie die kapilläre Durchlässigkeit bilden die Hauptfaktoren für die kapilläre Perfusion (INCE 2005). Der Blutfluss in den einzelnen Kapillaren unterliegt einer zeitlichen und örtlichen Heterogenität. Die kapilläre Durchgängigkeit wird als functional capillary density (FCD) reflektiert und als funktionelle Anzahl an Kapillaren in einem bestimmten Gebiet definiert. Dabei stellt „funktionell" die Anzahl der Kapillaren dar, die mit fließenden Erythrozyten gefüllt sind. Im Ruhezustand sind etwa 40 - 60 % der Kapillaren perfundiert. Bei körperlicher Anstrengung steigt die Anzahl der perfundierten Kapillaren an, um so die Diffusionsdistanz zu verringern. Eine erhöhte metabolische Rate führt zudem zu einer Erhöhung des Blutflusses und einer Extraktion des Sauerstoffs. Eine geringere Sauerstoffkonzentration im Blut führt zu einer Dilatation der Arteriolen und somit zu einem höheren Blutfluss (BOHLEN 1995).

Neben den Kapillaren nehmen auch Arteriolen und Venolen eine wichtige Funktion bei der Bereitstellung einer adäquaten Gewebeperfusion und der Aufrechterhaltung des hämodynamischen Geschehens ein. Arteriolen bilden zusammen mit kleinen Arterien die sogenannten Widerstandsgefäße. Sie regulieren etwa 70 – 80 % des totalen Gefäßwiderstandes. Der übrige Widerstand wird gleichermaßen von den Kapillaren und den Venolen reguliert. Arteriolen besitzen zirkuläre glatte Muskelzellen, die der Kontrolle des sympathischen Nervensystems unterliegen. Des Weiteren spielen auch vasoaktive zirkulierende Substanzen - Katecholamine, Angiotensin, Vasopressin - eine wichtige Rolle bei der Regulation des Gefäßtonus. Zudem bestimmen lokale Faktoren (metabolische, endotheliale, myogene) die Konstriktion und Dilatation der Arteriolen und können so je nach metabolischem

Bedarf auf die Perfusion Einfluss nehmen (KOLLER u. KALEY 1991; DIETRICH u. TYML 1992). Es gibt Anzeichen dafür, dass Erythrozyten nicht nur Sauerstoff transportieren, sondern auch fähig sind, lokal die Sauerstoffzufuhr in der Mikrozirkulation zu regulieren (SINGEL u. STAMLER 2005). Im Falle einer Hypoxie sezernieren diese Stickstoffmonoxid und Adenosin in Form von ATP, beide potente Vasodilatatoren, und führen so zu einer verbesserten Sauerstoffzufuhr (BERGFELD u. FORRESTER 1992; GONZALEZ-ALONSO et al. 2002; COSBY et al. 2003). Dem entgegen steht der Regulationsmechanismus in der Lunge, der bei vorliegender Hypoxie zu einer Vasokonstriktion führt, um Blut zu besser ventilierten Alveolen zu leiten (ELLIOTT et al. 1991; MACEACHERN et al. 2004).
Das venöse mikrovaskuläre System - man spricht auch von sogenannten Kapazitätsgefäßen - bildet ein Niedrigdruckgebiet, welches als Blutreservoir dient und bis zu 75 % des totalen Blutvolumens enthalten kann (HAINSWORTH 1986). Dem entsprechend kann es Einfluss auf die kardiale Vorlast und den Herzauswurf durch aktive und passive Veränderungen des vaskulären Tonus nehmen und hält somit die Menge an zirkulärem Blut aufrecht (DEN UIL et al. 2008).

2.1.2 Mikrozirkulation des Darms

Der Hauptteil des Magendarmtrakts von Säugetieren wird von drei großen Gefäßen, abgehend von der Aorta, versorgt. Dazu zählen die *A. coeliaca und die Aa. mesenterica cranialies et caudalis.* Das Rektum wird gesondert von der *A. rectalis cranialis, media und caudalis* arteriell versorgt. Sie sind Äste der *A. mesenterica caudalis*, der *A. prostatica seu vaginalis* und der *A. perinealis ventralis* (KÖNIG u. GERHARDS 2010). Im ungefütterten Zustand erhalten sie etwa 20 – 25 % des Blutes vom Herzminutenvolumen. Die Verteilung des Blutflusses innerhalb der Gewebeschichten des Darms ist sehr heterogen und korreliert mit der Wichtigkeit der Funktion der entsprechenden Schicht. Im nüchternen Zustand erhält die Mukosa 70 – 80 %, die Muscularis und Serosa 15 - 25 % und die Submukosa 5 % des einfließenden Blutes. Nach Fütterung kann der Blutfluss bis zu 200 % über dem Baselinewert liegen und bleibt für 2 - 3 Stunden erhöht. Wie auch in anderen Geweben sind etwa nur 20 – 30 % der Kapillaren in der Ruhephase perfundiert (MATHESON et al. 2000). Die Regulation des Blutflusses am Darm unterliegt ebenfalls lokaler und systemischer Kontrollmechanismen (TAKALA 1996).

Studien aus der Humanmedizin konnten zeigen, dass die Perfusion und Oxygenierung im Magendarmtrakt während der Anästhesie, aufgrund eines verringerten Sauerstofftransports reduziert sein kann (GELMAN u. MUSHLIN 2004; GIGLIO et al. 2009). Infolgedessen kann es zu Veränderungen der Darmmotilität (BUELL u. HARDING 1989) und der Darmpermeabilität (FINK et al. 1991) kommen, die zu Ileus und Septikämie führen können.

Tierexperimentelle Studien an Schweinen weisen darauf hin, dass der Darm bei kritischen Zuständen (Hypoxie, Hypovolämie, akuter Hämodilution) zur Erhaltung vitaler Organe (Herz, Gehirn) minderperfundiert ist. Bei akuter Hämodilution sowie Hypoxien erfolgt zunächst eine Kompensation durch Erhöhung des Herzminutenvolumens und der systemischen Sauerstoffextraktion, die jedoch nur bis zu einem gewissen Punkt wirken, anschließend erscheint eine Umverteilung des Blutflusses in Richtung vitaler Organe (SCHWARTE et al. 2005).

An weiteren tierexperimentellen Modellen konnte gezeigt werden, dass Isofluran den Blutfluss im Darm von Pferden dosisabhängig, nicht jedoch zeitabhängig, reduziert, was vermuten lässt, dass der Darm über längere Zeit adäquat perfundiert wird (MANOHAR et al. 1987a; HOPSTER et al. 2015b). Des Weiteren konnte eine noch nicht veröffentlichte Studie aufzeigen, dass eine Verringerung der arteriellen Sauerstoffsättigung mit einem sigmoidalen Abfall der intestinalen Oxygenierung einhergeht (HOPSTER et al. 2016b). Eine arterielle Sauerstoffsättigung unter 80 % führt zu einer drastischen Verringerung der intestinalen Oxygenierung. Bei hypovolämischen isofluranänasthesierten Pferden sinkt die intestinale Perfusion ab einem mittleren arteriellen Blutverlust von > 37 %, einem CI niedriger als 40 ml/kg/min und einem Blutdruck niedriger als 51 mmHg signifikant ab (HOPSTER et al. 2016b).

Studien aus der Humanmedizin untersuchten die rektale Mikrozirkulation mittels Weißlicht-Spektroskopie (KIESSLING et al. 2015) sowie Laser-Doppler-Flowmetrie (EMMANUEL u. KAMM 1999; MATSUKURA et al. 2003) während verschiedener operativer Eingriffe. Dabei konnte gezeigt werden, dass die Messung an der Darmmukosa der Messung an der Darmserosa vorzuziehen ist, weil so ischämische Veränderung deutlich schneller detektiert werden können (MATSUKURA et al. 2003). Zudem belegen Studien an Schweinen, dass die Mukosa des Darms gegenüber hypovolämischen und hypoxischen Zuständen deutlich gefährdeter ist. Des Weiteren kam man zu der Erkenntnis, dass Veränderungen in der Perfusion und Oxygenierung im subkutanen Gewebe simultan Veränderungen in der Dünndarmmukosa einhergehen (MELLSTROM et al. 2009).

Der Einfluss von Desfluran, Propofol und Dexmedetomidin auf die periphere Perfusion und Oxygenierung wird in den folgenden Kapiteln 2.3.1.3.3, 2.3.2.3.3 und 2.3.3.3.3 beschrieben.

2.1.3 Mikrozirkulation der Maulschleimhaut

Das Maul bildet den vordersten Teil des Magendarmtraktes. Die arterielle Versorgung der Maulschleimhaut erfolgt hauptsächlich über die *Aa. facialis* und *buccalis*. Das mikrovaskuläre Netzwerk in der Maulhöhle variiert je nach Lokalisation. In dem sublingualen Gebiet befinden sich Mikrogefäße in einer sehr hohen Dichte mit variablen Durchmesser, Länge und Verlauf (DE BACKER et al. 2002). Die Mikrozirkulation der Sublingualschleimhaut kann als Indikator für die systemische Mikrozirkulation herangezogen werden (GRONER et al. 1999; DE BACKER et al. 2002). Studien aus der Humanmedizin belegen, dass diese positiv mit der Mikrozirkulation des Darms korreliert (QIAN et al. 2014). Somit stellt die Sublingualschleimhaut eine geeignete Lokalisation zur nicht-invasiven Bestimmung der Mikrozirkulation dar und es lassen sich Rückschlüsse auf die Perfusion des Darms ziehen. Eine noch nicht veröffentlichte Studie wies eine positive Korrelation zwischen der Perfusion der Maulschleimhaut mit der von Jejunum, Colon und Rektum nach (HOPSTER et al. 2016a).

2.1.4 Beeinträchtigung der Mikrozirkulation während der Anästhesie

Das Mortalitätsrisiko von Pferden in Allgemeinanästhesie liegt mit 1,6 % (JOHNSTON et al. 2002) deutlich höher als bei Menschen mit 0,00055 – 0,001 % (RENNER et al. 2015) und Kleintieren mit 0,15 (CLARKE u. HALL 1990). Dabei zählen Herzstillstand mit 32,8 %, Frakturen mit 23.3 % und Myopathien mit 7,1 % zu den wichtigsten Risikofaktoren. Aus der epidemiologischen Studie geht hervor, dass das Narkoserisiko unter Inhalationsanästhesie deutlich höher liegt als unter Injektionsanästhesie (JOHNSTON et al. 2002). Die dosisabhängigen kardiovaskulären Wirkungen von Inhalationsanästhetika wurden weitreichend erforscht und beschrieben (STEFFEY u. HOWLAND 1978; STEFFEY u. HOWLAND 1980a). Sie verursachen durch Einfluss auf die Kontraktilität des Herzens ein vermindertes Schlagvolumen mit folgender Verringerung des Herzminutenvolumens. Durch ihre venodilatative Wirkung nehmen Inhalationsanästhetika direkt Einfluss auf den Blutdruck und es kommt dosisabhängig zu einer Hypotension. Sowohl Hypotension als auch ein verringertes Herzminutenvolumen führen zu einer geringeren Sauerstoffzufuhr (DO_2) zum Gewebe und scheinen einen grundlegenden Faktor in der Entstehung narkoseassoziierter Komplikationen - wie postanästhetische Myopathien und Koliken - zu sein (HUBBELL u. MUIR 2015). Zudem werden die negativen Effekte der Anästhetika durch Gewicht, Größe, Anatomie und unnatürliche Lagerung verstärkt (TAYLOR 1989b; KIRKMAN et al. 1995; MOENS et al. 1995; MANSEL u. CLUTTON 2008).

Die Gewebesauerstoffzufuhr ist bei anästhesierten Pferden abhängig vom Herzminutenvolumen und Sauerstoffgehalt des Blutes. Durch die Senkung des Herzminutenvolumens und der Vasodilatation während der Anästhesie, verursacht durch Anästhetika, kann es zu einem erheblichen Abfall des Blutdruckes und der Sauerstoffzufuhr in die Peripherie kommen (DONALDSON 1988; GROSENBAUGH u. MUIR 1998). Eine unzureichende mikrovaskuläre Perfusion kann auch bei erhaltenen makrovaskulären Parametern vorhanden sein. Eine gedämpfte Autoregulation sowie Hypotension während der Anästhesie werden für diese Dysregulation verantwortlich gemacht und können trotz erhaltener Sauerstoffzufuhr zur fehlerhaften Regulation der Verteilung des Blutes, Shunts und Hypoxien führen (HELLYER et al. 1991; SIGGAARD-ANDERSEN et al. 1995).

Die verschiedenen Gewebe im Körper sind unterschiedlich sensibel gegenüber Hypoxien. Die Sauerstoffextraktionsrate kann während der Anästhesie deutlich erhöht sein, um eine verminderte Sauerstoffzufuhr auszugleichen (HUBBELL u. MUIR 2015). Dies resultiert in einem verringerten venösen Sauerstoffpartialdruck ($PvCO_2$) und einer verringerten venösen Sauerstoffsättigung (SvO_2). Bis zu einem gewissen Grad kann eine erhöhte Sauerstoffextraktionsrate Hypoxien vorbeugen, bis es zu dem Punkt kommt, an welchem die Sauerstoffaufnahme im Gewebe von der Zufuhr abhängig wird. Folglich entsteht eine Hypoxie des Gewebes und es kommt zu einem Wechsel vom aeroben zum anaeroben Stoffwechsel (DONAWICK et al. 1975; GRANDY et al. 1987; MAGDESIAN et al. 2006; CAMBIER et al. 2008).

Anästhetika führen zu einem geminderten Zellmetabolismus und Sauerstoffverbrauch. Dieser eigentlich positive Effekt wird jedoch durch die dämpfenden Eigenschaften der Anästhetika auf das kardiovaskuläre System relativiert (BRANSON et al. 1993; WHITEHAIR et al. 1996)

Ein adäquater Perfusionsdruck ist Voraussetzung für die ausreichende Perfusion von Geweben mit einem hohen intrakompartimentalen Druck z.B. der während der Operation unteren Gliedmaße bzw. einem hohen hydrostatischen Druck z.B. der obenliegenden Gliedmaße bei seitlich gelagerten Pferden (GRANDY et al. 1987; GOETZ et al. 1989; EDNER et al. 2005; RAISIS 2005b). In der Makrozirkulation wird der Perfusionsdruck durch den mittleren arteriellen Blutdruck und dem diastolischen Blutdruck repräsentiert; es ist der Druck, der benötigt wird, um eine ausreichende Perfusion zu generieren. Der Perfusionsdruck kann durch die Gabe von kristalloiden bzw. kolloidalen Lösungen, Katecholaminen, Dobutamin oder Dopamin und Alpha-2-Adrenorezeptoragonisten erhöht werden. Medikamente mit vasodilatativen und herzdepressiven Wirkungen senken den Perfusionsdruck (SCHWARZWALD et al. 2009). Studien, die die Perfusion in der Hinterhandmuskulatur von Pferden untersucht haben, weisen darauf hin, dass diese unter Isofluranänästhesie dosisabhängig gemindert ist (RAISIS et al. 2000c; EDNER et al. 2002). Man fand jedoch heraus, dass ein erhöhter femoraler Blutfluss nicht zwangsläufig mit einer erhöhten Mikroperfusion des Muskels einhergeht (RAISIS et al. 2000c). Des Weiteren belegen Studien, dass der Muskelblutfluss durch die Art der Ventilation beeinflusst wird. So konnte gezeigt werden, dass unter künstlicher Beatmung - durch negative Einflussnahme auf das kardiovaskuläre System - der Blutfluss beeinträchtig war. Demzufolge wirkt sich die Spontanatmung positiv auf das kardiovaskuläre System aus und gewährt eine bessere Muskelperfusion (EDNER et al. 2005).

2.2 Messmethoden zur Bestimmung der peripheren Oxygenierung und Perfusion

2.2.1 Messmethoden zur Bestimmung der Mikrozirkulation

In diesem Kapitel werden die alternativen Messmethoden zur Bestimmung der Mikrozirkulation in komprimierter Form vorgestellt.

2.2.1.1 Laser-Doppler-Durchflussmessung

Die Laser-Doppler-Durchflussmessung strahlt durch einen Diodenlaser erzeugtes Licht in das Gewebe ein. Das durch Mitochondrien gestreute Licht trifft im Gewebe auf Erythrozyten und wird durch deren Bewegung in seiner Frequenz verschoben. Diese Frequenzverschiebung wird als Doppler-Shift bezeichnet. Anhand der Anzahl und der Intensität der frequenzverschobenen Strahlen, die an der Oberfläche durch einen Fotodetektor gemessen werden, lässt sich die Anzahl von Erythrozyten sowie deren Geschwindigkeit bestimmen (STERN et al. 1977; OBERG et al. 1979; NILSSON 1984). Mittels dieser beiden Parameter lässt sich dann der Blutfluss berechnen (STERN et al. 1977; SUNDBERG 1984). Aufgrund der Streuung wird für jeden Erythrozyten der „passende“ Lichtvektor gefunden, daher ist es möglich, auch Blutflüsse in einem komplexen Kapillarnetzwerk zu bestimmen (KRUG 2006). Nachteil dieser Technik ist zum einem, dass der Blutfluss nur in Arbitary Units angegeben wird und somit relativ zu sehen ist und keine präzise quantitative Bestimmung des Blutflusses ermöglicht. Zum anderen ist das gemessene Volumen von 1 mm^3 relativ klein und es kann durch lokale und zeitliche Variationen innerhalb der Mikrozirkulation zu unterschiedlichen Messergebnissen kommen (RAISIS 2005a). Anhand der Laser-Doppler-Durchflussmessung wurden sowohl in der Humanmedizin (STERN et al. 1977; SUNDBERG 1984; EMMANUEL u. KAMM 1999; GHAZANFARI et al. 2002; KIESSLING et al. 2015) als auch in der Tiermedizin beim Pferd (SERTEYN et al. 1987; NORMAN et al. 1992; RAISIS et al. 2000c; EDNER et al. 2005) Versuche zur Messung des mikrozirkulären Blutflusses durchgeführt. Dabei wurde beim Pferd besonders der Blutfluss in der Muskulatur untersucht. Frühere Studien nutzten dafür Sonden, die über eine Hautinzision in den Muskel eingeführt wurden (SERTEYN et al. 1987; NORMAN et al. 1992), während in aktuelleren Studien eine weniger invasive Methode gewählt wurde, bei der über eine Nadel eine Einzelfaser in den Muskel gelegt wurde (RAISIS et al. 2000c). Des Weiteren belegen Studien, dass die Laser-Doppler-Durchflussmessung mit etablierten Methoden - wie der elektromagnetischen Durchflussmessung und Mikrosphären-Injektion - positiv korreliert und daher eine relativ geringinvasive Alternativmethode darstellt (SMITS et al. 1986). Zudem liefert diese Methode zuverlässige und reproduzierbare Ergebnisse (EMMANUEL u. KAMM 1999).

2.2.1.2 Weißlichtspektrometrie

Das Messprinzip dieser Technik beruht auf der Lichtausbreitung im Gewebe. Das in das Gewebe eingestrahlte Licht wird durch die in den Zellen befindlichen Mitochondrien in alle Richtungen gestreut und breitet sich somit aus. Aufgrund der

Streuung wird das Licht in seiner Intensität sowie in seiner Farbe, die sich in Abhängigkeit von den im Gewebe enthaltenen Blutfarbstoffen zeigt, verändert. Beide Veränderungen können von auf dem Gewebe platzierten Detektoren gemessen werden.

Die Farbe des Blutes wird maßgeblich durch die Sättigung von Hämoglobin mit Sauerstoff bestimmt. So führt ein mit Sauerstoff gesättigtes Hämoglobinmolekül zu einer hellroten Farbe des Blutes. Hingegen verändert sich die Farbe des Blutes mit abnehmender Sättigung in Richtung eines dunkelroten Farbtons. Aufgrund dieses Prinzips kann das farbveränderte und an der Oberfläche detektierte Licht mit Referenzspektren des Hämoglobins verglichen werden und liefert somit die Information über die prozentuale Sättigung im Gewebe. Zudem ist es möglich, mittels des Weißlichts eine Aussage über die lokale Hämoglobinmenge zu bekommen. Je mehr das eingestrahlte Licht rot gefärbt wird, desto mehr Hämoglobin befindet sich in dem Gewebe.

2.2.1.3 Nahinfrarotspektroskopie

Die Nahinfrarotspektroskopie (NIRS) liefert Informationen über die Gewebeoxygenierung und kann so als indirekter Indikator für die Perfusion herangezogen werden. Bei der Nahinfrarotspektroskopie handelt es sich um ein nichtinvasives Verfahren, das in Echtzeit misst und sich beurteilen lässt. Der Wellenlängenbereich von Nahinfrarotlicht liegt bei 650 – 800 nm. Das Prinzip dieser Messtechnik basiert auf dem Lambert-Beerschen Gesetz, welches besagt, dass die Intensität einer Strahlung in Abhängigkeit von den im Medium enthaltenen absorbierenden Substanzen und deren Schichtdicke abgeschwächt wird (RAISIS 2005b). Zu den absorbierenden Substanzen im Gewebe zählen die Chromophore wie Hämoglobin, Myoglobin und das Zytochrom aa3. Abhängig von deren Konzentration und deren Grad an Oxygenierung wird das eingestrahlte Nahinfrarotlicht unterschiedlich stark absorbiert und liefert somit Auskunft über den Grad der Oxygenierung des gemessenen Gewebes (COLIER 1995; PRINGLE et al. 1999; PRINGLE et al. 2000). Gewebe ist im Allgemeinen relativ gut durchlässig für Nahinfrarotstrahlen und daher gut messbar (COPE u. DELPY 1988). Zudem können mit Hilfe dieser Technik Veränderungen hinsichtlich des hämodynamischen Geschehens, der Sauerstoffbereitstellung und des intrazellulären

Sauerstoffverbrauchs detektiert und beurteilt werden (COLIER 1995; HINCKLEY et al. 1995).

Die NIRS wurde bisher sowohl bei Menschen (COPE u. DELPY 1988; HAMPSON u. PIANTADOSI 1988) als auch in experimentellen Tiermodellen (HINCKLEY et al. 1995; PRINGLE et al. 2000; HALL et al. 2008) erfolgreich eingesetzt und ist für den Einsatz bei Menschen eine validierte Methode (HAMPSON u. PIANTADOSI 1988). Hinckley et al. (1995) untersuchten mittels NIRS die hämodynamischen Veränderungen und Oxygenierung an Hufen von gesunden und an Hufrehe erkrankten Pferden. Zudem wurde die NIRS erfolgreich zur Messung der Muskeloxygenierung beim wachen und anästhesierten Pferd eingesetzt (PRINGLE et al. 2000). In der benannten Studie konnte klar zwischen ischämischen und hypoxischen Zuständen im Muskel differenziert werden. Zu den Limitationen dieser Technik gehört zum einem, dass keine Unterscheidung von Myoglobin und Hämoglobin vorgenommen wird. Der Myoglobinanteil im Pferdemuskel ist deutlich höher als beim Menschen (KOLB 1963). Dies kann dazu führen, dass Ergebnisse falsch interpretiert werden. Des Weiteren sind eine stark pigmentierte Haut oder dunkle Haare eine mögliche Fehlerquelle, da Melanin ein starker Absorber von Nahinfrarotlicht ist (PRINGLE et al. 1999).

2.2.1.4 Radioaktive Mikrosphären

Die Bestimmung des Blutflusses mittels radioaktiver Mikrosphären stellt die invasivste Methode zur Messung der Mikrozirkulation dar, die ein Euthanasieren des Tieres notwendig macht. Das Prinzip dieser Technik basiert auf der Annahme, dass sich die verschiedenen injizierten radioaktiven Mikrosphären oder Farbmikrosphären in Abhängigkeit des Blutflusses verteilen. Die Radioaktivität des jeweiligen Organs korreliert positiv mit der Fraktion des Herzauswurfes, die das Organ erreicht (RAISIS 2005a). Die verabreichten Mikrosphären verteilen sich mit dem Blutfluss und bleiben in den peripheren Gefäßen stecken. Bei der post-mortem Untersuchung können dann die entsprechenden Organe entnommen und der Gehalt an Mikrosphären über die Radioaktivität bestimmt werden (BUCKBERG et al. 1971). Für eine präzise Bestimmung des Blutflusses müssen gewisse Voraussetzungen erfüllt sein. Zum einen müssen sich die Mikrosphären gleichmäßig verteilen und eine adäquate Menge an Mikrosphären verabreicht werden. Zum anderen ist deren Größe dafür entscheidend, ob sie die Verteilung der Erythrozyten imitieren und gleichzeitig in den peripheren Gefäßen stecken bleiben können. Des Weiteren sollte es zu keiner Beeinflussung des hämodynamischen Geschehens seitens der Mikrosphären kommen (BUCKBERG et al. 1971). Für die Messung des Blutflusses am Pferdemuskel wurden bisher Mikrosphären mit einem Durchmesser von 15 µm genutzt (STADDON et al. 1979; MANOHAR u. GOETZ 1985; MANOHAR et al. 1987a; MANOHAR et al. 1987b; GOETZ et al. 1989). Die Methode bietet sich an, weil es sich dabei um ein sehr präzises und standardisiertes Verfahren handelt. Zudem bietet es die Möglichkeit, durch Nutzung verschiedener radioaktiver Nukleotide mehrere Messungen durchzuführen. Der Hauptnachteil liegt jedoch - wie oben schon angemerkt – darin, dass die Tiere anschließend eingeschläfert werden müssen (RAISIS 2005a).

2.2.1.5 Radioactive Xenon Clearance

Die Radioactive Xenon Clearance - Messmethode zählt zu den ersten Methoden, die es ermöglichten, den mikrovaskulären Blutfluss zu bestimmen. Das Prinzip dieser Messtechnik besteht darin, die Clearence eines radioaktiven Agens ($Xenon^{133}$), welches verdünnt und als kleines Volumen (0,2 ml) in den Muskel injiziert wird, zu bestimmen (WEAVER et al. 1984). Man nimmt an, dass die Konzentration von $Xenon^{133}$ durch Diffusion proportional zu der im Blut ist und sich anhand dessen der Blutfluss der Muskulatur bestimmen lässt (LASSEN et al. 1964). Im Hinblick auf die Limitationen dieser Technik ist es nicht möglich, eine fortlaufende Messung durchzuführen. Des Weiteren wird die Clearance von einer Rückverteilung von $Xenon^{133}$ beeinflusst und führt zu einer Unterschätzung des eigentlichen Blutflusses. Weaver et al. (1984) führten diese Art der Messung an anästhesierten und wachen Pferden durch und stellten fest, dass der kapillare Muskelblutfluss bei wachen Pferden im Vergleich zu anderen Spezies geringer ist und dass dieser während der Anästhesie deutlich abnimmt.

2.2.1.6 Orthogonal polarization spectral imaging

Das orthogonal polarization spectral imaging (OPS) stellt ein neues nicht invasives Verfahren dar (DEN UIL et al. 2008). Dabei wird ein Mikroskop auf das zu untersuchende Gewebe gelegt. Grünes polarisiertes Licht wird in das Gewebe eingestrahlt und dort depolarisiert und zurückgestreutes Licht von einer gekoppelten

Videokamera detektiert. Vor der Kamera ist ein zweiter Polarisator orthogonal zum ersten angebracht, um die Oberflächenreflektion zu filtern. Das Hämoglobin dient als Kontrastmarker, welches grünes Licht vollständig absorbiert, sodass rote Blutkörperchen als sich bewegende dunkle Konturen auf grauem Hintergrund dargestellt werden (GRONER et al. 1999). Anhand der Videos können dann mit Hilfe einer Software der Blutfluss sowie morphologische Eigenschaften des Gefäßbettes bestimmt werden (DE BACKER et al. 2002; BOERMA et al. 2005). Das OPS wurde bisher in Ischämie/Reperfusionsstudien genutzt, um vornehmlich die sublinguale Mikrozirkulation zu bestimmen (LANGER et al. 2001; MATHURA et al. 2001; HARRIS et al. 2002). Bisher gibt es keine Studien, in denen dieses Verfahren bei Pferden angewandt wurde.

2.2.1.7 Side-stream dark field imaging (SDF)

Das side-stream dark field imaging (SDF) - Verfahren ist eine Weiterentwicklung des OPS-Messverfahrens, um die Oberflächenreflektion und damit mögliche Störsignale zu verringern. Dabei wird ein zentraler Lichtleiter genutzt, der von konzentrisch angeordneten Lichtdioden umgeben ist, die stroboskopisches grünes Licht emittieren. Das dabei erzeugte Bild wird ebenfalls mit einer Kamera aufgezeichnet und lässt sich dann beurteilen. Im Vergleich zum OPS-Verfahren lassen sich so die Kapillaren besser visualisieren und beurteilen (GOEDHART et al. 2007).

2.2.2 Messmethode zur Bestimmung der Makrozirkulation

2.2.2.1 Elektromagnetische Durchflussmessung

Die elektromagnetische Durchflussmessung stellt eine sehr invasive, jedoch auch sehr präzise Messmethode zur Bestimmung des Blutflusses dar. Sie kann sowohl am anästhesierten als auch am wachen Pferd durchgeführt werden und lässt sich über einen längeren Zeitraum messen. Das Prinzip basiert auf dem Faradayschen Gesetz, welches besagt, dass eine elektromotorische Kraft entsteht, sobald ein Stromleiter (Konduktor) ein magnetisches Feld passiert. Im Falle der Blutflussmessung stellt das Blut den Konduktor dar und es wird ein dazu senkrecht verlaufendes magnetisches Feld angelegt. Die Spannungsänderung des elektromagnetischen Feldes ist direkt proportional zur Blutflussgeschwindigkeit, wenn der Durchmesser des Gefäßes gleich bleibt (SCOTT u. SANDLER 1978a). Anhand dieser Methode ist es möglich, für längere Zeit den Blutfluss präzise und wiederholt zu bestimmen (WARD et al. 1987). Nachteilig ist jedoch die hohe Invasivität infolge einer chirurgischen Implantation des Messgeräts. Hinzu kommt, dass es aufgrund einer möglichen entzündlichen Reaktion zu fibrotischen Veränderungen kommen kann und diese die Sensitivität der Messung verringern können (TRANQUILLI et al. 1981). Weitere mögliche Störfaktoren der Messungsgenauigkeit stellen eine Veränderung der Elektrolytzusammensetzung sowie die Blutviskosität - der Hämatokrit - dar. Diese Faktoren erscheinen jedoch klinisch irrelevant zu sein. Bisher wurde diese Methode der Blutflussbestimmung sowohl an anästhesierten als auch an wachen Pferden zur Bestimmung der Perfusion der digitalen Arterien und Venen (SCOTT u. SANDLER 1978b), der Koronararterien (TRANQUILLI et al. 1981) sowie der Pulmonararterien (WARD et al. 1987) genutzt.

2.2.2.2 Doppler Ultrasonographie

Die Doppler Ultrasonographie stellt ein nichtinvasives Verfahren zur Bestimmung der Makrozirkulation dar. Das Prinzip dieses Verfahrens basiert darauf, dass Ultraschallwellen in das Gewebe emittiert und an sich bewegenden Erythrozyten gestreut werden. Ähnlich wie bei der Laser-Doppler-Durchflussmessung kommt es zu einer Frequenzverschiebung und es entsteht der sogenannte „Doppler-shift". Dieser ist proportional zur Geschwindigkeit und Bewegungsrichtung der Erythrozyten (EVANS 1989; COSGROVE et al. 1993; WEYMAN 1994). Da sich die Geschwindigkeit des Blutflusses nach dem Herzzyklus richtet, entsteht bei graphischer Darstellung der Geschwindigkeit eine typische Wellenform (POLAK 1992; ZWIEBEL 1992). Anhand der über die Zeit gemittelten Geschwindigkeit (TAV) und des Querschnitts des Gefäßes lässt sich der Blutfluss errechnen. Des Weiteren lassen sich anhand der Form der pulsatilen Geschwindigkeitskurve weitere Parameter wie der „Pulsatility Index (PI)" (ZWIEBEL 1992; COSGROVE et al. 1993), der „resistance Index (RI)" (COSGROVE et al. 1993) sowie der „early diastolic deceleration slope (EDDS)" (SAINZ et al. 1995) errechnen. Diese Parameter wurden entwickelt, um quantitative Aussagen über Veränderungen des Gefäßwiderstands zu bekommen.

Die Doppler Ultrasonographie fand bisher in der Pferdemedizin sowohl an wachen als auch an anästhesierten Pferden zur Messung des femoralen (RAISIS et al.

2000a; RAISIS et al. 2000b; RAISIS et al. 2000c), metatarsalen Blutflusses (WALKER u. GEISER 1986) sowie des Blutflusses der Aorta Einsatz (YOUNG et al. 1995; YOUNG et al. 1996). Zu den Nachteilen dieser Methode zählt zum einem, dass die Lokalisation bei wiederholter Messung häufig unterschiedlich ist und es somit zu differenten Messergebnissen kommen kann, zum anderen, dass durch zu starken Druck der Diameter des Gefäßes, der für die Berechnung des Blutflusses herangezogen wird, beeinflusst werden kann. Zudem ist es ein Messverfahren zur Bestimmung des Blutflusses in größeren Gefäßen und gibt somit keine Auskunft über die Mikrozirkulation. Festzuhalten ist aber, dass sich die Doppler Ultrasonographie gut mit Verfahren zur Bestimmung der Mikrozirkulation kombinieren lässt.

2.2.3 O2C – Oxygen to see

Das O2C, welches als Akronym für „Oxygen to see" steht, stellt ein diagnostisches Messgerät zur Bestimmung der Oxygenierung und Durchblutung von Geweben dar. Funktionell verbindet diese Messtechnik verschiedene Verfahren zur Bestimmung des mikrovaskulären Blutflusses, der postkapillären Sauerstoffsättigung und der lokalen Hämoglobinmenge. Der mikrovaskuläre Blutfluss sowie die relative Hämoglobinmenge werden als arbitrary units (AU) und die Sauerstoffsättigung in Prozent (%) angegeben. Zum einen werden der Blutfluss mittels Laser-Doppler Spektroskopie und zum anderem die Oxygenierung und relative Hämoglobinmenge mittels Weißlichtspektrometrie ermittelt. Ein Prinzip zur Messung des relativen Blutflusses haben verschiedene Wissenschaftler entwickelt (BONNER u. NOSSAL 1981; SHEPHERD u. OBERG 1990).

Das Weißlicht, das einem kontinuierlichen Spektrum gleicht, wird mittels einer 20-W-Glühbirne erzeugt und bildet Licht in einem Wellenlängenbereich von etwa 450 bis 1000 nm. Das ins Gewebe emittierte Licht wird - wie 2.2.1.2 beschrieben - an Mitochondrien gestreut und in seiner Farbe verändert.

Die Weißlichtspektrometrie liefert Werte für die Sauerstoffsättigung und für das Hämoglobin bis zu einer Detektionstiefe von 2 mm, während mit Hilfe der Nahinfrarotspektroskopie (NIRS) Detektionstiefen von bis zu 15 mm erreicht werden können (KRUG 2006). Das Prinzip der NIRS ist im Kapitel 2.2.1.3 beschrieben.

Das O2C bestimmt hauptsächlich die venöse Sauerstoffsättigung im Gewebe, da sich im mikrovaskulären Gefäßbett das Hämoglobin etwa zu 75 % in den Venolen, zu 14 % in den Kapillaren und zu 11 % in den Arteriolen befindet (SILBERNAGL 1991).

Zudem werden durch das O2C nur Gefäße bis zu einer Größe von 100 µm gemessen, da größere Gefäße das Licht vollständig absorbieren (GANDJBAKHCHE et al. 1999)

Das Laserlicht wird mittels eines Diodenlasers im CW-Modus erzeugt, um nahinfrarotes Licht bei 820 nm und einer Leistung von 30 mW zu gewährleisten. Das genaue Prinzip ist unter 2.2.1.1 beschrieben.

2.2.3.1 Bedeutung des O2C in der Medizin und Forschung

Studien aus der Humanmedizin zeigen, dass das O2C ein verlässliches und geeignetes Messverfahren zur Bestimmung der Mikrozirkulation und Oxygenierung ist (FORST et al. 2008). Aufgrund der zwei Messtechniken, die in dem O2C vereint sind, lassen sich Hypoxien verursacht - durch venöse Stauung, arterielle Ischämie sowie ein erhöhter Zellmetabolismus - detektieren und differenzieren. Zudem geben sie Auskunft über die Menge an Blut im Mikrogefäßsystem, da die gemessene Hämoglobinmenge als Indikator dafür dient (KRUG 2006). Aufgrund dieser Eigenschaften wird das O2C in der Humanmedizin zur Erforschung und zur Diagnostik von Verschlusskrankheiten (diabetischer Fuß (BECKERT et al. 2004)), Organtransplantationen (FERTMANN et al. 2004) und bei Wundheilungsstörung (COERPER et al. 2003a; RENNEKAMPFF et al. 2004) herangezogen. Zu den weiteren Einsatzgebieten zählen die Forschung in der Sportmedizin (KNOBLOCH et al. 2006) und in der Angiogenese (SCHOLZ et al. 2002) sowie die Erforschung der Mikrozirkulation im Gastrointestinalbereich während der Sepsis (ALBUSZIES et al. 2005; SCHWARTE et al. 2005) und kardiopulmonären Bypass – Operationen (KIESSLING et al. 2015).

Der Einsatz des O2C zur Evaluierung der Mikrozirkulation des Dünn- und Dickdarms beim Pferd zeigte, dass dieses ein geeignetes Messverfahren ist, um die Mikrozirkulation am Pferdedarm zu bestimmen. Es stellte sich heraus, dass die Mikrozirkulation schnell und einfach mit Hilfe des O2C bestimmen lässt und es ein sehr nützliches Verfahren zur Erforschung von intestinalen Ischämien und Reperfusionen ist (REICHERT et al. 2014). Jedoch gibt es auch einige Limitationen, zu denen Bewegungsartefakte - ausgelöst durch Kontraktionen des Darms - zählen. Des Weiteren führte der durch eine OP-Leuchte erzeugte Lichtstrahl zu Artefakten in Bezug auf die Sauerstoffsättigung (REICHERT et al. 2014). In einer weiteren Studie wurde der Zeit- und Konzentrationseffekt einer Isoflurananästhesie auf die

Oxygenierung und Perfusion des Pferdedarms untersucht (HOPSTER et al. 2015b). Dabei wurde ersichtlich, das Isofluran in höheren Konzentrationen einen Einfluss auf den Herzauswurf und somit auf die Mikrozirkulation hat. Ein zeitabhängiger Effekt auf die Mikroperfusion konnte nicht festgestellt werden.

2.3 Angewandte Medikamente

2.3.1 Propofol

Propofol (2,6-Diisopropylphenol) zählt zu den intravenösen Injektionsanästhetika und wurde erstmals 1977 bei Menschen zur Anästhesieeinleitung eingesetzt (KAY u. ROLLY 1977). Es handelt sich dabei um ein alkyliertes Phenol, welches gänzlich in Wasser unlöslich ist. Die anfänglich entwickelte Formulierung auf Cremophorbasis führte bei einigen Patienten zur anaphylaktoiden Reaktion (GLEN et al. 1979) und wurde daher vom Markt genommen. 1983 wurde dann eine neue Formulierung von ICI35868 (Propofol) auf Basis von Sojabohnen-Öl, Lecithin und Glycerol in einer klinischen Studie getestet (GLEN u. HUNTER 1984) und wurde 1985 in Großbritannien lizensiert (BATEMAN u. KESSELHEIM 2015). Es ist damit eines der gängigsten intravenösen Anästhetika und wird häufig in der Humanmedizin und Kleintiermedizin, sowohl zur Anästhesieeinleitung, als auch zur Anästhesieerhaltung eingesetzt (SMITH et al. 1994; SHORT u. BUFALARI 1999).

Die Eignung von Propofol zum Einsatz zur TIVA wurde sowohl an Ponies (NOLAN u. CHAMBERS 1989), als auch an Pferden (NOLAN u. HALL 1985; MAMA et al. 1995; MAMA et al. 1998; MATTHEWS et al. 1999; FRIAS et al. 2003) in verschieden Dosen und mit unterschiedlichen Prämedikationen untersucht. Dabei konnte gezeigt werden, dass Propofol in einer Dosis von 2 mg/kg KGW ohne vorherige Prämedikation zu einer unzureichenden Induktion führt, welche mit einem erhöten Verletzungsrisiko für Pferd und Mitarbeiter verbunden ist (MAMA et al. 1995). In verschiedenen Studien konnte gezeigt werden, dass eine Prämedikation mit einem Alpha-2-Agonisten (Xylazin, Detomidin) in Verbindung mit Propofol 2 mg/kg/KGW zu einer deutlich besseren und sichereren Induktion führt (NOLAN 1982; NOLAN u. HALL 1985; NOLAN u. CHAMBERS 1989; FRIAS et al. 2003). Des Weiteren führt eine Prämedikation mit Alpha-2-Agonisten zu einer besseren Induktion als nach Prämedikation mit Tranquilizern (NOLAN u. HALL 1985). Eine verlangsamte

Injektionsgeschwindigkeit des Bolus über 45-55 s wirkt sich positiv auf die Qualität der Induktion aus (NOLAN u. HALL 1985).

In der Studie von FRIAS et al. (2003) wurden drei Dosen von Propofol (1, 2 und 4 mg/kg KGW) mit Ketamin (2,2 mg/kg KGW) verglichen. Alle Probanden wurden mit Xylazin 1,1 mg/kg/KGW prämediziert. Es konnte gezeigt werden, dass Propofol in einer Dosis von 1 mg/kg KGW zu einer unzureichenden Induktion und Anästhesietiefe führt. Des Weiteren konnte herausgestellt werden, dass die Induktion und Anästhesiequalität mit 2 mg/kg KGW Propofol vergleichbar mit der von Ketamin ist. Die Länge der Aufwachphase wurde maßgeblich von der Höhe der Dosis von Propofol beeinflusst und dauerte bei der hohen Dosis am längsten (FRIAS et al. 2003).

Propofol eignet sich für den Einsatz für kurze chirurgische Eingriffe und konnte erfolgreich in einer Dosierung von 2 mg/kg KGW bei Kastrationen (AGUIAR et al. 1993) und in Verbindung mit einer Ketamininfusion 50 µg/kg/min zur Fixation von Frakturen (OHTA et al. 2004) eingesetzt werden.

2.3.1.1 Pharmakokinetik

Propofol besitzt einzigartige pharmakokinetische Eigenschaften, die es sehr interessant für den klinischen Einsatz machen. Die Blutkonzentration sinkt schnell nach Bolusinjektion durch Umverteilung von hoch perfundierten Geweben wie Gehirn und anderen Organen in weniger gut perfundierte Organe wie Muskulatur und Fett (GEPTS et al. 1987). Zu den weiteren günstigen Eigenschaften zählen ein schneller Wirkungseintritt und eine schnelle Metabolisierung, wie sie bei Hunden, Ratten, Schweinen und Kaninchen (COCKSHOTT et al. 1992) festgestellt wurden. Durch das günstige pharmakokinetische Profil von Propofol lässt sich das Mittel gut als Infusion einsetzen (ADAM et al. 1983; NOLAN u. HALL 1985).

Hinsichtlich der Blutkonzentration bei Dauerinfusion bei Pferden gibt es unterschiedliche Ergebnisse. Bei Ponys befand sich die Blutkonzentration zwischen 2,26 – 6,45 µg/ml (NOLAN et al. 1996) und 3,27 – 9,44 µg/ml (FLAHERTY et al. 1997) bei einstündiger Infusion während sie bei Pferden zwischen 11 – 13 µg/ml (UMAR et al. 2015) und damit deutlich höher lag. Nach Beendigung der Infusion sank die Propofolkonzentration im Blut schnell ab (NOLAN et al. 1996). Die Eliminationshalbwertszeit von Propofol liegt bei Pferden bei 76,6 ± 18,8 min (UMAR et al. 2015) und bei Ponys bei 69,0 ± 8,0 min (NOLAN et al. 1996). Die kontextsensitive Halbwertszeit bei Menschen liegt nach dreistündiger Infusion bei weniger als 25 min (SMITH et al. 1994), während sie bei Ponys bei 5,8 min nach einstündiger Infusion liegt (NOLAN et al. 1996). Propofol wird schnell vom Körper abgebaut. Bei Ponys zeigte sich eine Clearance von 33,1 ml/kg/min, die im Vergleich zu anderen Spezies wie Hund mit 50,1 ml/kg/min (NOLAN u. REID 1993) und Schaf mit 85,4 ml/kg/min (CORREIA et al. 1994) geringer ist. Die hohe Lipophilie von Propofol ist verantwortlich für die schnelle Verteilung. Der Verteilungskoeffizient von Propofol bei Ponys liegt bei 0,894 L/kg (NOLAN et al. 1996), bei anderen Spezies wie Hund und Mensch hingegen deutlich höher. Autoradiographische Studien an Ratten zeigten, dass Propofol innerhalb von 30 Sekunden im Gehirn angeflutet ist (RHODES u. LONGSHAW 1977). Bei Menschen konnte eine Equilibrierungshalbwertszeit von 2,9 min ermittelt werden, was verdeutlicht, wie schnell die Wirkung von Propofol einsetzt (SCHUTTLER et al. 1986). In humanmedizinischen Studien ging man von einem offenen 3-Kompartimenten Modell aus, das erkennen lässt, dass Propofol zum einem in gut perfundierte Organe und zum anderen in weniger gut perfundierte Organe verteilt wird (KAY et al. 1986; COCKSHOTT et al. 1987; GEPTS et al. 1987). Bei Menschen findet der metabolische Abbau hauptsächlich in der Leber und zu einem geringen Anteil in der Lunge statt. Dabei wird Propofol mit Glucuron- bzw. Schwefelsäure konjugiert und dann zu 88% über den Harn eliminiert. Zu den Hauptmetaboliten zählt zu etwa 40 % Propofolglukuronid, der Rest besteht aus 1- und 4-Glukorunid- und 4-Sulfatkonjugaten von 2,6-Diisopropyl 1,4-Quinol. Lediglich 2 % werden über den Kot und weniger als 0,3% in unveränderter Form ausgeschieden (SIMONS et al. 1985, 1988).

In verschiedenen Studien konnte gezeigt werden, dass die Aufstehphase von Pferden nach Propofolanästhesie ruhig und kontrolliert verläuft (NOLAN u. HALL 1985; NOLAN u. CHAMBERS 1989; TAYLOR 1989a; MAMA et al. 1995; FRIAS et al. 2003; BOSCAN et al. 2006). In der Studie von BETTSCHART-WOLFENSBERGER et al. (2001b) konnte gezeigt werden, dass die Probanden nach vierstünder Anästhesie mit Propofol und Medetomidin innerhalb von 21 Minuten ruhig aufgestanden waren.

2.3.1.2 Minimale Infusionsrate

Die minimale Infusionsrate eines Injektionsanästhetikum wird definiert als diejenige Infusionsrate bei der 50% der Probanden auf einen supramaxilen Reiz reagieren (PRYS-ROBERTS 1980) und wird als effektive Dosis von 50 % (ED_{50}) angesehen. Sie dient vorallem zum Vergleich verschiedener Injektionsanästhetika und ihrem Einfluss auf das kardiovaskuläre System in equipotenter Dosis. Die minimale Infusionsrate kann mit dem MAC von Inhalationsanästhetika verglichen werden. Dennoch gibt es einige Unterschiede. So korreliert die Konzentration eines Inhalationsanästhetikum im Blut positiv mit der in den Alveolen und kann schnell und voraussehbar geändert werden. Dem entgegen ist die Blutkonzentration eines Injektionsanästhetikum abhängig von deren pharmakokinetischen Eigenschaften, wie Verteilung und Elimination des Agens. Daher kann die minimale Infusionsrate im Gegensatz zur MAC zeitabhängig variabel sein (NOLAN u. HALL 1985; MAMA et al. 1998; BETTSCHART-WOLFENSBERGER et al. 2001b).

In bisherigen Studien konnte gezeigt werden, dass Propofol mit einer Infusionsrate von 0,2 bis 0,3 mg/kg/min KGW für eine ausreichend Anästhesietiefe sorgt (NOLAN u. HALL 1985; FLAHERTY et al. 1997; MAMA et al. 1998; FRIAS et al. 2003). In der Studie von MATTHEWS et al. (1999) reichte eine Infusionsrate von Propofol 0,18 mg/kg/min bei Detomidin prämedizierten Pferden für abdominal chirurgische Eingriffe aus.

Eine Infusionsrate von 0,1 mg/kg/min Propofol bei Xylazin prämedizierten Pferden führt zu einer Plasmakonzentration von 5,3 µg/ml. Die effektive Dosis von 95 % (ED_{95}) wurde von den Autoren mit 0,14 mg/kg/min angegeben (OKU et al. 2005). In den Studien von MAMA et al. (1998) und BETTSCHART-WOLFENSBERGER et al. (2001b) konnte die minimale Infusionsrate von Propfol in Verbindung mit einem Alpha-2-Adrenorezeptor-Agonisten ebenfalls deutlich gesenkt werden. Die Kombination mit Medetomidin 3,5 µg/kg/Std ergab eine Infusionsrate von Propofol von 0,06 bis 0,1 mg/kg/min. In der Studie von Mama et al. (1998) wurde Propofol in Verbindung mit Xylazin 0,035 mg/kg/Std. infundiert. Dabei zeigte sich, dass die ED_{50} von Propofol bei 0,15 mg/kg/min lag. Eine Senkung der mininimalen Infusionsrate von Propofol auf 0,126 mg/kg/min konnte mit einer zusätzlichen Infusion von Ketamin 40 µg/kg/min erreicht werden (FLAHERTY et al. 1997). Ketamin in Verbindung mit Medetomidin zeigt ebenfalls eine propofolsparende Wirkung von etwa 30 % (UMAR et al. 2006). Ein Einfluss von Ketamin auf die Pharmakokinetik konnte bei Schafen nicht festgestellt werden (Correia et al 1994), jedoch gibt es keine Studien die den Einfluss seitens Ketamin bei Pferden untersucht haben.

2.3.1.3 Pharmakodynamik

Propofol potenziert die Wirkung von γ-Amino-Buttersäure (GABA) an inhibitorischen $GABA_A$-Rezeptoren und führt somit zur Verstärkung der inhibitorischen Neurotransmission. Man nimmt an, dass Propofol seine Wirkung besonders über den Thalamus, den parieto-occipitalen Cortex und den zerebellaren Cuneus vermittelt. Die GABA gehört zu den wichtigsten hemmenden Neurotransmittern. Der $GABA_A$-Rezeptor ist ein Liganden-gesteuerter Cl^--Kanal. Bei der Bindung eines Liganden an den Rezeptor kommt es zum Chlorid-Einstrom und somit zur Hyperpolarisierung und folglich zu einer Hemmung Reizweiterleitung (ENGELHARD 2009; STARKE 2009).

2.3.1.3.1 Kardiovaskuläre Wirkungen von Propofol

Beim Hund (GOODCHILD u. SERRAO 1989) und Menschen (LANGLEY u. HEEL 1988) wird berichtet, dass Propofol seine Wirkung auf das Herzkreislaufsystem durch Senkung des arteriellen Blutdrucks und durch Verringerung des Herzminutenvolumens entfaltet. Diese entstehen sekundär und dosisabhängig durch die venodilatativen Eigenschaften von Propofol und der dadurch reduzierten Vorlast des Herzens (BENTLEY et al. 1989). Grund für die Venodilatation ist zum einem die Senkung des sympathischen Tonus als auch direkte vaskuläre Effekte. Propofol führt zur Relaxation von Venen und Arterien, wie es in einer in vitro Studie gezeigt werden konnte (BENTLEY et al. 1989). Propofol ist ein potenter Inhibitor der sympathischen Nervenaktivität und senkt die Sensitivität von kardialen und muskulären sympathischen Baroreflexen (SELLGREN et al. 1994; HOKA et al. 1998).
Hinsichtlich der Wirkung von Propofol beim Pferd gibt es unterschiedliche Studien. OKU et al. (2006) hat die Wirkung von Propofol alleine in unterschiedlichen Infusionsraten beim Pferd untersucht. Dabei zeigte sich, dass das Schlagvolumen signifikant mit höherer Dosis, durch Abnahme der kardialen Kontraktilität, gesunken ist, jedoch ohne Einfluss auf das Herzminutenvolumen zu nehmen, welches konstant blieb. Die Herzfrequenz erhöhte sich während der Anästhesie nur leicht und führte zu keinem signifikanten Unterschied. Der systemische vaskuläre Widerstand sank signifikant mit höherer Dosis. Der mittlere arterielle Blutdruck veränderte sich dabei

nicht signifikant. Dieses wird mit den depressiven Effekten von Propofol auf den zentralen sympathogenen Tonus begründet (CLAEYS et al. 1988). In der Studie von MAMA et al. (1998) wurden zwei verschiedene Infusionsraten von Propofol (1,5 und 2,5 mg/kg/min) mit Ketamin 0,9 mg/kg/Std verglichen. Alle drei Gruppen wurden mit Xylazin 0,75 mg/kg KGW prämediziert und mit Guaifenesin plus entweder Ketamin oder Propofol eingeleitet. Dabei zeigte sich, dass die hohe Infusionsrate von Propofol mit einer signifikant höheren Herzfrequenz und einem hochsignifikant höheren Herzminutenvolumen verbunden war. Die Werte der Ketamingruppe und niedrig dosierten Propofol Gruppe unterschieden sich kaum. Die dosisabhängige Erhöhung des PaCO2 und der daraus resultierende niedrige pH-Wert führten zu einem indirekten Anstieg des Sympathikotonus und könnten eine Erklärung für die erhöhte Herzfrequenz und das erhöhte Herzminutenvolumen sein. In einer weiteren Studie, in der die Anästhesie mit Propofol 0,1 mg/kg/min und Medetomidin 3,5 µg/kg/min für 4 Stunden aufrecht gehalten wurde, konnte gezeigt werden, dass die kardiovaskulären Parameter über die gesamte Anästhesiedauer stabil waren (BETTSCHART-WOLFENSBERGER et al. 2003). Den Ponys wurde 100% reiner Sauerstoff angeboten und sie wurden nicht künstlich beatmet. Sie waren über den gesamten Zeitraum normokapnisch und keiner der Probanden zeigte eine respiratorische Depression, von der in anderen Studien berichtet wurde (FLAHERTY et al. 1997; MAMA et al. 1998; BETTSCHART-WOLFENSBERGER et al. 2001a; BETTSCHART-WOLFENSBERGER et al. 2001b). UMAR et al. (2007) konnten herausstellen, dass der kardiale Index während Propofol-Anästhesie signifikant höher war als bei Ketamin-Medetomidin-Propofol-Anästhesie. Propofol besitzt ähnlich wie alpha-2-Adrenorezeptor-Agonisten einen Inhalationsanästhetika-sparenden Effekt und führt während der balancierten Anästhesie mit Medetomidin und Isofluran zu stabilen kardiovaskulären Parametern (VILLALBA et al. 2014)

2.3.1.3.2 Respiratorische Wirkungen von Propofol

Propofol geht sowohl bei Menschen (SMITH et al. 1994) als auch bei Hunden (ROBERTSON et al. 1992; THURMON et al. 1994) und Pferden (FLAHERTY et al. 1997; MAMA et al. 1998; BETTSCHART-WOLFENSBERGER et al. 2001a; BETTSCHART-WOLFENSBERGER et al. 2001b) mit deutlich respiratorisch depressiven Eigenschaften einher. In diversen Studien zeigte sich, dass Propofol dosisabhängig zu Hypoventilation, Hyperkapnie, Hypoxie und resultierend zu einer respiratorischen Azidose führt (NOLAN u. HALL 1985; MAMA et al. 1995; FLAHERTY et al. 1997; MAMA et al. 1998; UMAR et al. 2006). In einigen dieser Studien mussten die Probanden aufgrund hochgradiger Hypoventilation und Hyperkapnie künstlich beatmet werden (FLAHERTY et al. 1997; MAMA et al. 1998; MATTHEWS et al. 1999; UMAR et al. 2006). In Studien, in denen Propofol in Kombination mit Ketamin (FLAHERTY et al. 1997), Ketamin und Medetomidin (UMAR et al. 2006) oder Guaifenesin (AGUIAR et al. 1993) zur Narkoseaufrechterhaltung genutzt wurde, zeigte sich, dass die Probanden durch die verringerte Dosis von Propofol weniger atemdepressiv waren. Niedrige PaO2 Werte sind häufig Folge von Hypoventilation und Ventilation/Perfusions – Imbalancen; sie resultieren aus der Lagerung während der Anästhesie und weiteren unbekannten Faktoren und könnten einen weiteren Grund für die Hypoxie darstellen (ROBINSON 2009).

2.3.1.3.3 Einfluss auf die periphere Perfusion

Der Einfluss von Propofol auf die periphere Perfusion wurde hauptsächlich in der Humanmedizin erforscht, was zu der Erkenntnis führte, dass Propofol kaum negative Effekte auf die Mikrozirkulation der skeletalen Muskulatur besitzt. Die Mikrozirkulation wurde mittels Nahinfrarotspektroskopie an der Wade gemessen. Propofol erhöhte signifikant den Muskelblutfluss, das Blutvolumen des Gewebes und reduzierte gleichzeitig den Gefäßwiderstand in der Wade und die post-ischämische Hämoglobinrückaufnahme (DE BLASI et al. 2008). SELLGREN et al. (1994) konnten aufzeigen, dass sich während Propofolanästhesie der Blutfluss im Bein deutlich erhöhte, jedoch nicht in der Haut. Man vermutet, dass Propofol sowohl auf die Widerstandsgefäße als auch auf die Kapazitätsgefäße direkten Einfluss nimmt. Propofol erhöht die systemisch vaskuläre Kapazität, wie man bei Versuchen an Ratten heraus fand (HOKA et al. 1998). In einer aktuelleren Studie konnte aufgezeigt werden, dass Propofol die periphere Perfusion in Form einer Erhöhung des Perfusionsindex (PI) positiv beeinflusst. Die Messungen wurden mit einem neuen Pulsoximeter, welches einen neuen Algorithmus benutzt, der Störsignale vermindert, gemessen (KOWALCZYK et al. 2013). Dem entgegen steht eine Studie von KOCH et al. (2008), in der Propofol den kapillären Blutfluss an der Zunge gesunder Menschen senkte. Jedoch wurde hier ein anderes Messverfahren benutzt, das OPS, welches zur Visualisierung der Kapillaren verwendet wird und die Unterschiede erklären könnte.

Die Mikrozirkulation in der Haut und im Muskel wurde mittels Laser-Doppler-Durchflussmessung während Propofol-Ketamin-Anästhesien beim Pferd bestimmt. Der erhöhte Herzauswurf während Propofolanästhesie beeinflusste die Mikrozirkulation der Muskulatur und der Haut positiv (EDNER et al. 2002). Man nimmt an, dass die periphere Perfusion deutlich stärker vom Herzauswurf abhängig ist als vom arteriellen Blutdruck (LEE et al. 1998a; LEE et al. 1998b).

2.3.2 Desfluran

Desfluran gehört zu der Gruppe der Flurane. Strukturell ähnelt es dem Isofluran, besitzt jedoch anstelle des Chloridatoms ein weiteres Fluoratom. Es wurde erstmals 1960 synthetisiert und ist seit 1992 für den Menschen zugelassen (EGER 1994). Es gilt als nur schwach potentes Inhalationsanästhetikum und besitzt einen MAC-Wert, der 6-mal höher als der von Isofluran ist (BROSNAN 2013).

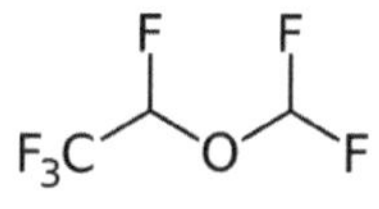

Abbildung 1: Strukturformel von Desfluran

Tabelle 1: Dargestellt sind der Verteilungskoeffizient, der Siedepunkt, der Dampfdruck und die Metabolisierungsrate für Desfluran, Sevofluran, Isofluran und Halothan

* bei 37 °C, # bei 760 mmHg, + bei 20 °C (SOARES et al. 2012)

Substanz	**Verteilungskoeffizienten***			**Siedepunkt#**	**Dampfdruck+**	**Metabolisierungs-rate**
	Blut/Gas	**Gehirn/Blut**	**Fett/Blut**	**(°C)**	**(mmHg)**	
Desfluran	0,54	1,3	27	22,8	669	0,002
Sevofluran	0,65	1,7	48	58,5	170	3,0
Isofluran	1,4	1,6	45	48,5	240	0,2
Halothan	2,4	1,9	51	50,2	244	2,4

Desfluran besitzt einen hohen Dampfdruck von 669 mmHg bei 20°C, einen niedrigen Siedepunkt von 22,8°C, einen geringen Blut/Gas-Partialkoeffizienten 0,54 (SOARES et al. 2012) sowie eine geringe Fettlöslichkeit. Einige dieser physikochemischen

Eigenschaften machen dieses volatile Anästhetikum interessant für den Einsatz in der Pferdeanästhesie.

Der niedrige Siedepunkt von Desfluran, der sich nur gering über Raumtemperatur befindet, setzt den Einsatz von speziellen Verdampfern voraus (ANDREWS u. JOHNSTON 1993).

Der Einsatz von Desfluran bei Pferden beschränkt sich zur Zeit auf experimentelle Studien, in denen unter anderem die Minimale alveoläre Konzentration (MAC) von Desfluran alleine (TENDILLO et al. 1997) und in Verbindung mit Alpha-2-Agonisten (BETTSCHART-WOLFENSBERGER et al. 2001c) sowie die kardiopulmonären Einflüsse (SANTOS et al. 2005) und pharmakokinetischen Eigenschaften (VALENTE et al. 2015) bestimmt wurden. Zudem kam Desfluran während Kastrationen zum Einsatz, dabei wurde ebenfalls die MAC bestimmt (JONES et al. 1995).

2.3.2.1 Pharmakokinetik

Desfluran besitzt im Vergleich zu anderen Inhalationsanästhetika nahezu ideale pharmakokinetische Eigenschaften. Als volatiles Anästhetikum wird Desfluran bei jedem Atemzug über die Lunge aufgenommen. Faktoren, die zu einem höheren Atemzugvolumen (kontrollierte Beatmung) oder zu einem erhöhten eingeatmeten Partialdruck des Anästhetikums führen, steigern den alveolär-venösen Gradienten und bewirken eine erhöhte Diffusion des Anästhetikums ins Blut (BROSNAN 2013). Inhalationsanästhetika bewegen sich, wie auch andere Gase, von Regionen mit hohem Partialdruck in Richtung Regionen mit niedrigem Partialdruck. Der geringe Blut/Gas-Verteilungskoeffizient führt zu einem schnellen Anstieg des Partialdrucks im Blut und im Gehirn. Daraus resultieren eine gute Steuerbarkeit der Anästhesie, eine schnelle Induktion sowie eine schnelle Erholung von der Anästhesie (EGER 1987; LEE et al. 1996). Je niedriger der Blut/Gas-Partialkoeffizient ist, desto schneller ist das Blut gesättigt. Aus diesem Grund lässt sich die Anästhesietiefe mit Desfluran deutlich besser steuern als mit anderen Inhalationsanästhetika wie Isofluran und Sevofluran, deren Blut/Gas-Koeffizienten deutlich höher sind. Das Verhältnis zwischen der alveolären anästhetischen Konzentration (F_A) und der eingeatmeten Konzentration (F_I) eines Inhalationsanästhetikums während der Induktion korreliert invers mit der Blutlöslichkeit. Daher besitzt Desfluran im Vergleich zu Sevofluran, Isofluran und Halothan den schnellsten Anstieg des FA/FI-Verhältnis (EGER 1994).

Die Aufnahme des Anästhetikums von der Lunge (U_L) kann mittels folgender Gleichung dargestellt werden:

$U_L = \lambda_{B:G} * Q * (P_A - P_V)/P_B$

$\lambda_{B:G}$ = Blut/Gas-Verteilungskoeffizient

Q = Herzminutenvolumen

P_A = Partialdruck des Anästhetikums in den Alveolen

P_V = Partialdruck des Anästhetikums im Blut

PB = barometrischer Druck

Anhand der Gleichung lässt sich verdeutlichen, dass die Aufnahme eines Inhalationsanästhetikums abhängig vom Blut-Gas-Verteilungskoeffizienten, Herzminutenvolumen sowie alveolär-venösen-Partialdruckgradienten ist. Inhalationsanästhetika werden von allen Geweben des Körpers in Abhängigkeit von Blut/Gewebe-Partialdruckgradienten, von der gewebespezifischen Durchblutungsrate sowie vom Blut/Gas-Verteilungskoeffizienten aufgenommen (BROSNAN 2013). Gehirn und Rückenmark gehören zu den am besten perfundierten Organen. Aus diesem Grund erfolgt die Aufnahme rasch. Hingegen erfolgt eine Aufsättigung von minderperfundierten Geweben wie Fett häufig erst nach Stunden oder unter Umständen gar nicht. Die Elimination findet hauptsächlich über das Abatmen des größtenteils unveränderten Inhalationsanästhetikums statt. Die Metabolisierung von Desfluran über die Leber spielt mit 0,002 % keine Rolle (BROSNAN 2013).

Das Bewusstsein tritt bei Menschen bei ungefähr 35% des MACs von Desfluran wieder ein (EGER 2001). Demnach ist zum Zeitpunkt des Erwachens noch ein erheblicher Anteil des Inhalationsanästhetikums im Körper vorhanden. Bei Pferden führen subanästhetische Isoflurankonzentrationen zu einer Antagonisierung muskarinerger Acetylcholinrezeptoren im Gehirn, folglich kommt es zu einer gesteigerten Erregbarkeit während der Aufstehphase (WIESE et al. 2014). Gleichzeitig verringern subanästhetische Isoflurankonzentrationen durch Wirkung im Rückenmark die propriozeptiven Funktionen, was vermehrt zur Ataxie führt (BARTER et al. 2009). Ob diese unerwünschten Wirkungen auch für Desfluran zutreffen, geht aus der Literatur nicht hervor.

Die prozentuale Clearance von Inhalationsanästhetika kann mittels folgender Gleichung dargestellt werden:

$$\%Clearance = V_A / ([\lambda_{B:G} \times CO] + V_A)$$

VA = Atemminutenvolumen

λB:G = Blut/Gas-Verteilungskoeffizient

CO = Herzminutenvolumen

Demnach wird die Elimination durch ein gesteigertes Atemminutenvolumen und einen niedrigen Blut/Gas-Verteilungskoeffizienten beschleunigt (VALENTE et al. 2015). Die Eliminationshalbwertszeit wird für Desfluran mit 7,67 min angegeben (VALENTE et al. 2015). Pferde standen auch nach langen Anästhesien (2 bis 5 Stunden) innerhalb von 10-20 min auf und die Qualität der Aufstehphase wurde stets mit gut bis sehr gut bewertet (SANTOS et al. 2005; VALENTE et al. 2015). In einer vergleichenden Studie zur Wirkung von Desfluran und Isofluran ergab sich eine signifikant schnellere Eliminierung für Desfluran (STEFFEY et al. 2002).

2.3.2.2 Minimale alveoläre Konzentration

Die MAC eines Inhalationsanästhetikums ist definiert als diejenige Konzentration, gemessen auf Meereshöhe, die benötigt wird, um bei 50% der Patienten gerichtete Bewegungen als Antwort auf einen supramaximalen Stimulus zu verhindern. Sie dient der Vergleichbarkeit zwischen den unterschiedlichen Anästhetika und wird in Prozent angegeben. Der MAC-Wert entspricht der mittleren effektiven Konzentration (EC_{50}). Je höher der MAC-Wert eines Anästhetikums, desto geringer ist seine Wirkungsstärke (MERKEL u. EGER 1963; EGER et al. 1965; QUASHA et al. 1980). Es existieren unterschiedliche Werte für die MAC verschiedener Inhalationsanästhetika, da Individuen unterschiedlich sensitiv auf diese reagieren (SONNER 2002). Eine Verringerung des MAC-Werts kann durch Faktoren wie Hypothermie, Hypernatriämie, Trächtigkeit, schwerwiegende Hyperkapnie, Hypoxie und Hypotension sowie durch verschiedene Medikamente wie z.B. Alpha-2-Adrenorezeptor-Agonisten und Benzodiazepine verursacht werden. Hyperthermie, Hypernatriämie sowie ZNS stimulierende Medikamente wie Amphetamine und Ephedrin führen zu einer Erhöhung des MAC-Wertes (STEFFEY 2009). Weitere Faktoren - wie z.B. Art der Stimulation bei MAC-Bestimmungen - tragen ebenfalls zur Variabilität von MAC-Werten bei. Es werden verschiedene Typen von Stimulationen in der Literatur beschrieben. Dazu zählen das Kneifen des Schwanzes mit einer

Klemme (Kleintiere), Druckausübung auf die Pfote (Kleintiere), eine chirurgische Inzision sowie das Applizieren eines elektrischen Nervenstimulus an unterschiedlichen Lokalisationen (EGER et al. 1988; VALVERDE et al. 2003). Die elektrische Stimulation ist anderen Methoden vorzuziehen, da sie reversibel ist und die Gewebe- und neurophysiologische Integrität aufrechterhält (LE BARS et al. 2001). Ein supramaximaler Stimulus besteht darin, dass eine Erhöhung der Intensität des Stimulus keine höhere anästhetische Dosis benötigt, um eine gerichtete Bewegung zu verhindern und entspricht der maximalen Anzahl an aktivierten Nervenfasern (LEVIONNOIS et al. 2009). Die häufigste Methode zur Bestimmung der MAC bei Pferden ist die elektrische Stimulation der Zähne im Maul (AIDA et al. 1994; CLARKE et al. 1996c; TENDILLO et al. 1997; STEFFEY et al. 2000; REZENDE et al. 2011), gefolgt von subkutanen Elektroden am digitalen palmaren Nerv (DOHERTY u. FRAZIER 1998) sowie die Stimulation mittels Akupunkturnadeln am Koronarband (BETTSCHART-WOLFENSBERGER et al. 2001c). Die Applikation eines Gleichstroms mittels auf rasierter Haut aufgetragener Elektroden lateral am Kronbein erwies sich als eine geeignetere Methode als die Applikation von Strom einer konstanten Spannung, da die Reaktionen deutlicher und reproduzierbarer waren (LEVIONNOIS et al. 2009). Die Antwort auf einen supramaximalen Stimulus folgt nach dem Prinzip „alles oder nichts“. Die Beurteilung von gerichteten bzw. spontanen Bewegungen wurde von QUASHA et al. (1980) definiert, jedoch unterliegt die Beurteilung häufig dem subjektiven Empfinden des Betrachters und kann somit ebenfalls zur Variabilität der MAC-Werte führen (LEVIONNOIS et al. 2009).

Die MAC von Desfluran wird für Menschen mit 6 % (RAMPIL et al. 1991), für Hunde mit 7,2 % (DOORLEY et al. 1988), für Katzen mit 9,8 % (MCMURPHY u. HODGSON 1995), für Schweine mit 10 % (EGER et al. 1988), für Kaninchen mit 8,9 % (DOORLEY et al. 1988) und für Ratten mit 5,72 % (EGER u. JOHNSON 1987) angegeben. Der MAC-Wert für Pferde lag bei 7,6 % (TENDILLO et al. 1997) bzw. 8,06 % (STEFFEY et al. 2005) und für Ponys bei 7,0 % (CLARKE et al. 1996c). Der MAC-Wert von Desfluran reduzierte sich durch eine gleichzeitige Gabe von 3,5 µg/kg/Std Medetomidin um 28 % (BETTSCHART-WOLFENSBERGER et al. 2001c).

2.3.2.3 Pharmakodynamik

Das Wirkungsprinzip von Inhalationsanästhetika ist bis heute nicht vollständig geklärt. Inhalationsanästhetika können nicht nur Säugetiere immobilisieren, sondern auch Protozoen (NUNN et al. 1974) und Pflanzen (LIVINGSTON 1860). Volatile Anästhetika potenzieren inhibitorische Neurotransmitter und ihre Wirkung an $GABA_A$-Rezeptoren, Glycinrezeptoren, Kaliumkanälen und inhibieren exzitatorisch wirkende Neurotransmitter und ihre Rezeptoren wie NMDA-, AMPA-, nikotinerge Rezeptoren und spannungsabhängige Natriumkanäle (SONNER et al. 2003; BROSNAN et al. 2006). Bei verschiedenen Versuchen an Anästhetika-resistenten Knockout- und Knockin-Mäusen konnte keine Resistenz zur Immobilisierung produziert werden, was verdeutlicht, dass volatile Anästhetika ihre Wirkung über verschiede Rezeptoren vermitteln (BROSNAN 2013). MEYER u. OVERTON (1901) stellten Anfang des 20. Jahrhunderts die Hypothese auf, dass Inhalationsanästhetika ihre Wirkung über die Lösung in der Fettsubstanz in Nervenzellen, der Lipidmembran, entfalten. Diese Theorie konnte jedoch bisher nicht vollständig verifiziert werden. Immobilität und Amnesie werden durch verschiedene Lokalisationen im ZNS vermittelt, besonders in der Amygdala und im Hippocampus (EGER et al. 2003). Zudem führen Inhalationsanästhetika durch Depression des lokomotorischen Nervengeflechts im Ventralhorn des Rückenmarks zu einer weiteren Immobilisierung (ANTOGNINI u. SCHWARTZ 1993). $GABA_A$-Rezeptoren sind besonders in der Amygdala und im Hippocampus exprimiert und man vermutet, dass diese Anästhetika-sensitiven Rezeptoren zur Amnesie führen (RAU et al. 2009). Glycin-Rezeptoren (ZHANG et al. 2003) und NMDA-Rezeptoren (STABERNACK et al. 2003) sowie Kaliumkanäle (HEURTEAUX et al. 2004) weisen hingegen eine hohe Dichte im Rückenmark auf und führen dadurch vermehrt zur Immobilisierung.

2.3.2.3.1 Kardiovaskuläre Wirkungen von Desfluran

Die kardiovaskulären und respiratorischen Effekte von Desfluran wurden bisher an Menschen (LOCKHART et al. 1991; WEISKOPF et al. 1991; WARLTIER u. PAGEL 1992), Schweinen (WEISKOPF et al. 1988), Hunden (CLARKE et al. 1996a) und Katzen (MCMURPHY u. HODGSON 1996) untersucht. Bei Equiden gibt es sowohl Untersuchungen an Ponys (CLARKE et al. 1996b) als auch an Pferden (SANTOS et al. 2005; STEFFEY et al. 2005).

Bei Menschen führt Desfluran zu einer Verringerung des systemischen Gefäßwiderstands und mittleren arteriellen Blutdrucks. Jedoch kommt es, anders als bei anderen Anästhetika wie Isofluran, nicht zu einer Verringerung des kardialen Index. Wie auch alle anderen volatilen Anästhetika führt Desfluran zu einer Reduktion der myokardialen Kontraktilität. Die Herzfrequenz steigt mit höherer Dosis von Desfluran und kann für den gut erhaltenen kardialen Index bei höherer Dosierung verantwortlich gemacht werden (WEISKOPF et al. 1991). Zudem besitzt Desfluran wie auch andere moderne Inhalationsanästhetika potente vasodilatative Eigenschaften (STEFFEY u. HOWLAND 1980b; STEFFEY et al. 2005).
Desfluran führt bei Pferden dosisabhängig zu einer Verringerung des mittleren arteriellen Blutdrucks, des Schlagvolumens und des Herzminutenvolumens (STEFFEY et al. 2005). Zudem kommt es bei steigender Dosis zu einer erhöhten Herzfrequenz (SANTOS et al. 2005), was mit einer Erhöhung des sympathischen Tonus in Verbindung gebracht werden kann (MOORE et al. 1994). In Bezug auf das Herzminutenvolumen während mechanischer Beatmung gibt es unterschiedliche Ergebnisse. Bei Menschen (WEISKOPF et al. 1991) konnte gezeigt werden, dass sich - wie oben beschrieben - der mittlere arterielle Blutdruck und der systemische Gefäßwiderstand dosisabhängig verringern, nicht jedoch das Herzminutenvolumen. Andere Studien an Hunden (CLARKE et al. 1996a) Katzen (MCMURPHY u. HODGSON 1995) und Schweinen (WEISKOPF et al. 1988) zeigten, dass sich das Herzminutenvolumen bei steigender Dosis verringert. Das Herzminutenvolumen bei Pferden ist während Desflurananästhesie mit künstlicher Beatmung bei einem MAC von 1-1.5 deutlich besser erhalten als bei einer Isoflurananästhesie (STEFFEY u. HOWLAND 1980b; STEFFEY et al. 2005).

2.3.2.3.2 Respiratorische Wirkungen von Desfluran

Wie auch andere Inhalationsanästhetika führt Desfluran dosisabhängig zu Hypoventilation und Hyperkapnie (LOCKHART et al. 1991). Pferde sind deutlich empfindlicher gegenüber den atemdepressiven Eigenschaften volatiler Anästhetika als Hunde, Katzen und Menschen (BROSNAN 2013). Desfluran besitzt vergleichbare atemdämpfende Eigenschaften wie Isofluran (STEFFEY et al. 1977; STEFFEY u. HOWLAND 1980b). Ab einem MAC von 1,5 kommt es zu einem Anstieg des arteriellen Kohlenstoffdioxidpartialdruckes. Das Atemzugvolumen verringert sich bei höherer Dosierung und löst kompensatorisch einen Anstieg der Atemfrequenz aus, um das Atemminutenvolumen aufrecht zu erhalten (STEFFEY et al. 2005). Bei einem 1,5-fachen MAC kommt es zu einer signifikanten Verringerung des Atemminutenvolumens und ab einem 1,75-fachen MAC zu einer signifikanten Verringerung des Atemzugvolumens und einem signifikanten Anstieg der $PaCO_2$-Werte (SANTOS et al. 2005). Somit führt Desfluran zur Dämpfung des Atemzentrums und einer Rechtsverschiebung der CO_2-Atemminutenvolumen Kurve. Höhere Konzentrationen von Desfluran (LOCKHART et al. 1991), Isofluran (FOURCADE et al. 1971) und Sevofluran (DOI u. IKEDA 1987) führen bei Menschen zu einer Verringerung des Atemzugvolumens und zu einem Anstieg der Atemfrequenz. Bei Ponys steigt der $PaCO_2$ signifikant nach dreistündiger Anästhesie bei einer alveolären Desfluran-Konzentration von 7,4 Vol. % an (CLARKE et al. 1996b).

2.3.2.3.3 Einfluss auf die periphere Perfusion

Der Einfluss auf die periphere Perfusion von Inhalationsanästhetika erschließt sich hauptsächlich durch eine Reduktion des Herzminutenvolumens sowie des arteriellen Blutdrucks. Aus diesem Grund werden häufig zur Erhaltung einer stabilen Kreislauffunktion positiv inotrope Medikamente verabreicht. Isofluran (MANOHAR et al. 1987a) und Halothan (MANOHAR u. GOETZ 1985) verringern den Blutfluss ab einem 1,1-fachen MAC signifikant im Dünn- und Dickdarm. Dieser Effekt wird jedoch mit höherer Konzentration nicht verstärkt. Zusätzlich kommt es zu einer dosisabhängigen Reduzierung des renalen Blutflusses. In zwei weiteren Studien konnte aufgezeigt werden, dass Inhalationsanästhetika zu einer dosisunabhängigen Verringerung des mikrovaskulären Blutflusses in der Skelettmuskulatur führen (RAISIS et al. 2000c; EDNER et al. 2002). In einer aktuellen Studie wurde erkenntlich, dass sich die globale und gastrointestinale Perfusion und Oxygenierung während Isofluranalnästhesie dosisabhängig verändern, nicht jedoch zeitabhängig sind (HOPSTER et al. 2015b). Zudem ergab sich eine enge inverse Korrelation zwischen den globalen Perfusionsindikatoren (MAP und CO) und der Isofluran-Konzentration.

Hinsichtlich des Einflusses von Desfluran auf die periphere Perfusion gibt es Studien an Hunden, die zeigten, dass Desfluran zu keiner Beeinträchtigung der Perfusion von Dünndarm und Muskulatur führt (HARTMAN et al. 1992). Die Perfusion von Herz und Nierencortex ist unter Desflurananästhesie deutlich besser erhalten als bei Isofluran und Halothan (HARTMAN et al. 1992). Dem entgegen stehen zwei Studien, laut derer Desfluran ähnliche hämodynamische Effekte am Hund zeigte wie Isofluran (MERIN et al. 1991; PAGEL et al. 1991). Jedoch wurden die Perfusionsmessungen mittels Doppler-Ultraschall vorgenommen. Diese Messmethode dient der Bestimmung der regionalen Makrozirkulation und nicht der Mikrozirkulation im Gewebe selbst. Dagegen wurde bei erstgenannter Studie (HARTMAN et al. 1992) eine Messmethode zur Bestimmung der Mikrozirkulation (radioaktive Mikrosphären) angewendet. Daher ist ein Vergleich der beiden Studien schwierig. Studien aus der Humanmedizin belegen, dass der Blutfluss im Magendarmtrakt unter Desfluranantästhesie bei einem 1 MAC signifikant besser erhalten war als unter Isoflurananästhesie bei gleichem MAC (O'RIORDAN et al. 1997). Eine ebenfalls aus der Humanmedizin kommende Studie belegt, dass der Blutfluss unter Desflurananästhesie dosisabhängig abfällt (FIJALKOWSKA u. KOWALCZYK 2010a).

2.3.3 Dexmedetomidin

Dexmedetomidin gehört zu der Gruppe der Alpha-2-Adrenorezeptor-Agonisten und wurde in den 80er Jahren entwickelt (KALLIO et al. 1989). Es ist das rechtsdrehende aktive Enantiomer von Medetomidin. Es zeichnet sich durch seine hohe Alpha-2-Adrenorezeptorselektivität ($\alpha_2 : \alpha_1 = 1620 : 1$) (VIRTANEN et al. 1988) sowie die starken sedativen und analgetischen Eigenschaften aus (AANTAA 1993). Zurzeit ist es in Europa in der Tiermedizin lediglich für Kleintiere zugelassen, jedoch wird dessen Wirkung und Einsatz bei Pferden erforscht (BETTSCHART-WOLFENSBERGER et al. 2005; GOZALO-MARCILLA et al. 2010; GOZALO-MARCILLA et al. 2012). Alpha-2-Adrenorezeptor-Agonisten, vornehmlich Xylazin, Romifidin und Detomidin, weisen ein breites Einsatzspektrum in der Pferdemedizin auf. Diese drei Vertreter sind für das Pferd in Deutschland zugelassen und werden auf Grund ihrer sedativen (CLARKE u. HALL 1969; ENGLAND et al. 1992), anxiolytischen und analgetischen Eigenschaften (DAUNT u. STEFFEY 2002; ROHRBACH et al. 2009) besonders zur Manipulation an stehenden Pferden, als Prämedikation vor chirurgischen Eingriffen (BETTSCHART-WOLFENSBERGER et al. 1996; DAUNT u. STEFFEY 2002) und zur Senkung der minimalen alveolären Konzentration eines Inhalationsanästhetikums (STEFFEY u. PASCOE 1991; AANTAA et al. 1997; BETTSCHART-WOLFENSBERGER et al. 2001c; RIOJA et al. 2006; GOZALO-MARCILLA et al. 2013a) eingesetzt. Sie werden sowohl alleine als auch in Kombination mit anderen Medikamenten wie z.B. Opioiden (TAYLOR et al.

1988; TAYLOR et al. 2014) angewendet. Darüber hinaus können Alpha-2-Adrenorezeptor-Agonisten für die epidurale und subdurale Lokalanästhesie genutzt werden (ROBINSON u. NATALINI 2002).

2.3.3.1 Pharmakokinetik

Alpha-2-Adrenorezeptor-Agonisten werden hauptsächlich in der Leber durch Glukuronidierung und Hydroxylierung durch das P450-Enzym metabolisiert (KAIVOSAARI et al. 2008). Die Eliminationshalbwertszeit nach Bolusinjektion von 3,5 µg/kg KGW Dexmedetomidin wird bei jungen Ponys mit 19,8 min und bei alten mit 28,9 min angegeben (BETTSCHART-WOLFENSBERGER et al. 2005). Hingegen konnte bei Pferden eine deutlich kürzere Halbwertszeit von 8,03 ± 0,84 min nach 5 µg/kg KGW Dexmedetomidin ermittelt werden (REZENDE et al. 2015). Dexmedetomidin zeigt bei Pferden eine schnelle Clearance von etwa 80 ml/kg/min und ein hohes Verteilungsvolumen von über einem Liter je kg KGW. Die Area under the plasma concentration-time curve wird bei jungen Ponys mit 34,55 ± 11,37 ng/min/ml und bei Pferden mit 63,52 ± 37,25 ng/min/ml angegeben. Die höchste Konzentration von Dexmedetomidin nach intravenöser Injektion kann nach 1 bis 4 min detektiert werden (REZENDE et al. 2015). Dexmedetomidin kann nach 1 bis 2 Stunden nicht mehr im Blut nachgewiesen werden (BETTSCHART-WOLFENSBERGER et al. 2005; REZENDE et al. 2015). In allen genannten Studien zeigte sich jedoch eine sehr hohe interindividuelle Plasmakonzentration (BETTSCHART-WOLFENSBERGER et al. 2005; RISBERG et al. 2014; RANHEIM et al. 2015; REZENDE et al. 2015). Die Halbwertszeit nach 8 µg/kg/Std Dexmedetomidin als CRI über 150 min beträgt 20,9 min (RANHEIM et al. 2015). Hingegen wurde eine deutlich längere Halbwertszeit von Dexmedetomidin 7 µg/kg/Std in Verbindung mit Midazolam und Ketamin von 46 ± 7 min detektiert (HOPSTER et al. 2014). Beide Studien belegen jedoch, dass Dexmedetomidin aufgrund seines pharmakokinetischen Profils sehr gut für die CRI geeignet ist. Aus verschiedenen Studien geht hervor, dass sich Dexmedetomidin als CRI während der Anästhesie positiv auf die Aufwachqualität auswirkt (GOZALO-MARCILLA et al. 2010; GOZALO-MARCILLA et al. 2012; GOZALO-MARCILLA et al. 2013b; HOPSTER et al. 2014).

2.3.3.2 Balancierte Anästhesie

Die balancierte Anästhesie stellt eine Verbindung aus verschiedenen Medikamenten und Anästhetika dar und basiert auf dem Konzept, die wünschenswerten Eigenschaften dieser Medikamente beizubehalten und mögliche Nebenwirkungen zu reduzieren, um eine ausreichende Analgesie, Hypnose und stabile kardiorespiratorische Funktion aufrechtzuerhalten. Ziel ist es dabei, quantitativ volatiles Anästhetikum einzusparen, um dessen dosisabhängigen negativen Effekt auf das kardiorespiratorische System zu mindern (TONNER 2005). Dabei macht man sich die analgetischen und zentral dämpfenden sowie muskelrelaxierenden Eigenschaften verschiedener Arzneimittel zunutze. Der Begriff „balancierte Anästhesie“ wird vornehmlich für auf Inhalationsanästhetika gestützte Anästhesien verwendet und wurde erstmals von John S. Lundy im Jahr 1926 eingeführt. Zu den gängigen Arzneimitteln, die alleine oder in Kombination zur balancierten Anästhesie bei Pferden eingesetzt werden und einen Anästhetika sparenden Effekt zeigen, zählen Lidocain (DE CLIVE-LOWE et al. 1958; DZIKITI et al. 2003), Alpha-2-Adrenorezeptor-Agonisten (STEFFEY u. PASCOE 1991; STEFFEY et al. 2000), dissoziative Anästhetika (Ketamin) (MUIR u. SAMS 1992) und zentrale Muskelrelaxantien wie Guaifenesin (YAMASHITA et al. 2000a; SPADAVECCHIA et al. 2002) und Benzodiazepine (Midazolam und Diazepam) (KUSHIRO et al. 2005).

Die meisten balancierten Anästhesieregime verwenden Alpha-2-Adrenorezeptor-Agonisten aufgrund ihrer potenten analgetischen und sedativen Eigenschaften. Wie unter 2.3.3.3 beschrieben, haben diese aber auch wesentliche kardiorespiratorische depressive Eigenschaften.

Aufgrund seines pharmakokinetischen Profils (2.3.3.1) ist Dexmedetomidin für den Einsatz zur Dauertropfinfusion während der Anästhesie sehr gut geeignet (BETTSCHART-WOLFENSBERGER et al. 2005; HOPSTER et al. 2014). Aus verschiedenen Studien geht hervor, dass Dexmedetomidin einen Anästhetika-sparenden Effekt aufweist (SEGAL et al. 1989; AHO et al. 1991; AANTAA et al. 1997) und sich gut für den Einsatz in der balancierten Anästhesie in der Veterinärmedizin eignet (PASCOE et al. 2006; RIOJA et al. 2006; UILENREEF et al. 2008). In einer experimentellen Studie, die an Ponys durchgeführt wurde, zeigte sich, dass Dexmedetomidin mit einer Dauertropfinfusion von 1,75 µg/kg/Std die MAC von Sevofluran um 53 % verringert (GOZALO-MARCILLA et al. 2013a). Aus einer weiteren experimentellen Studie geht hervor, dass Dexmedetomidin unter

Isofluranansthesie die für Alpha-2-Adrenorezeptor-Agonisten typischen kardiopulmonären Effekte aufzeigt. Dabei sanken die Herzfrequenz (HF), der Cardiac Index (CI), der arterielle Sauerstoffgehalt (CaO2), der venöse Sauerstoffgehalt (CvO_2)und die Sauerstoffzufuhr (DO_2), während es zu einer signifikanten Erhöhung des systemischen Gefäßwiderstands, des systolischen Blutdrucks und des rechten Vorhofdrucks kam. Jedoch waren die Veränderungen gering und im akzeptablen Bereich für anästhesierte Pferde, sodass die klinische Relevanz der kardiopulmonären Depression fraglich ist (GOZALO-MARCILLA et al. 2010).

2.3.3.3 Pharmakodynamik

Alpha-2-Adrenorezeptoren gehören zu den Transmembranrezeptoren und vermitteln ihre Wirkung über inhibitorische G-Proteine, welche die Aktivität der Adenylatzyklase (COTECCHIA et al. 1990; WISE et al. 1997; KHAN et al. 1999) und Öffnung spannungsabhängiger Calciumkanäle (COTECCHIA et al. 1990) hemmen, jedoch Kaliumkanäle (COTECCHIA et al. 1990) aktivieren. Alpha-2-Adrenorezeptoren kommen sowohl prä- und post- als auch extrasynaptisch vor (PATON u. VIZI 1969; WIKBERG 1979). Postsynaptische Alpha-2-Adrenorezeptoren haben individuelle Funktionen in verschiedenen Geweben wie Leber, Pankreas, Thrombozyten, Niere, Fettgewebe und Augen. Präsynaptische Alpha-2-Adrenoreptoren hingegen befinden sich in den sympathischen Nervenendigungen und noradrenergen Neuronen im zentralen Nervensystem und hemmen die Sekretion von Noradrenalin, wenn sie aktiviert wurden (LANGER 1980). Gebunden werden sowohl selektiv extrazelluläre Liganden wie endogene Mediatoren (Adrenalin und Noradrenalin) als auch exogene Moleküle wie verschiedene Medikamente (COURSIN et al. 2001). Eine Unterteilung von Alpha-2-Adrenorezoptoren erfolgt in die Isotypen Alpha-2a, Alpha-2b und Alpha-2c (BYLUND et al. 1994; GUIMARAES u. MOURA 2001), welche unterschiedlich sensibel auf die verschiedenen Liganden reagieren. Alpha-2a-Adrenorezeptoren werden für Sedation, Analgesie, Sympatholyse, Neuroprotektion und Inhibition der Insulinsekretion verantwortlich gemacht, während Alpha-2b-Adrenorezeptoren zur peripheren Vasokonstriktion und Analgesie im Rückenmark führen. Alpha-2c-Adrenorezeptoren hingegen werden mit der Modulation der kognitiven sensorischen Verarbeitung, der Stimmung und der Stimulus induzierten lokomotorischen Aktivität sowie der Regulation der Ausschüttung von Noradrenalin aus dem Nebennierenmark assoziiert (PANZER et al. 2009). Der *Locus coeruleus* ist eingebettet in der *Formatio reticularis,* besitzt die höchste Dichte an noradrenergen Rezeptoren im Körper und vermittelt über Alpha-2a-Adrenorezeptoren die sedative Wirkung (SCHEININ u. SCHWINN 1992). Eine hohe Anzahl von Alpha-2a-Adrenorezeptoren befindet sich ebenfalls in den absteigenden Bahnen des Rückenmarks, wo sie die nozizeptiven Stimuli sowie die Interaktion mit Opioiden moduliert (FAIRBANKS et al. 2009). Alpha-2-Adrenorezeptoren kommen vermehrt im dorsalen Nukleus des *N. vagus* und *Nucleus tractus solitarii* vor, wo sie den kardialen vagalen Nerv aktivieren (KAWADA et al. 2012), sowie in den oberflächigen Laminae und der *Substantia gelatinosa* des Dorsalhorns (NICHOLAS et al. 1993). Während das Dorsalhorn im Rückenmark Alpha-2a-Adrenorezeptoren vermehrt aufweist, befinden sich in den primären sensorischen Neuronen Alpha-2a-Adrenorezeptoren und Alpha-2c-Adrenorezeptoren (MURRELL u. HELLEBREKERS 2005). Die periphere Hypertension wird über Alpha-2b-Adrenorezeptoren in der vaskulären glatten Muskulatur mediiert (LINK et al. 1996). Zudem befinden sich Alpha-2b-Adrenorezeptoren zentral in der Thalamusregion (SCHEININ et al. 1994).

Die sedativen Eigenschaften von Alpha-2-Adrenorezeptoren äußern sich in einem verringerten Bewusstsein, Ptosis des Kopfes, der Lippen und Augenlider sowie Ataxie (ENGLAND u. CLARKE 1996b; VALVERDE 2010) und werden alle durch Alpha-2a-Adrenorezeptor-Wirkung mediiert (KNAUS et al. 2007). Dexmedetomidin (5 µg/kg KGW) führt zu einer etwa 60minütigen Sedation, wobei in den anfänglichen 20-30 min die Intensität am höchsten ist. Hingegen ist die mechanische nozizeptive Reizschwelle für nur 30 min erhöht (REZENDE et al. 2015). Dexmedetomidin erhöht die mechanische nozizeptive Reizschwelle ab einer Dosis von 2 µg/kg/Std (RISBERG et al. 2014). Zudem senken Alpha-2-Adrenorezeptoren die intestinale Motilität nach intravenöser Administration (ADAMS et al. 1984; FREEMAN u. ENGLAND 2001). Dexmedetomidin senkt im Vergleich zu anderen Alpha-2-Agonisten die gastrointestinale Motilität für einen kürzeren Zeitraum (REZENDE et al. 2015). Des Weiteren steigern Alpha-2-Adrenorezeptoren die Urinproduktion bei wachen (THURMON et al. 1984) und anästhesierten Pferden (TRANQUILLI et al. 1984) aufgrund einer Hyperglykämie, die durch eine Hypoinsulinämie (GASTHUYS et al. 1986; GASTHUYS et al. 1987) verursacht und durch Alpha-2a-Adrenorezeptoren und Alpha-2c-Adrenorezeptoren (PETERHOFF et al. 2003) vermittelt wird. Eine reduzierte Vasopressinsekretion spielt dabei ebenfalls eine wichtige Rolle (ALEXANDER u. IRVINE 2000).

2.3.3.3.1 Kardiovaskuläre Wirkungen von Dexmedetomidin

Alpha-2-Adrenorezeptor-Agonisten haben kardiopulmonäre dämpfende Eigenschaften bei Pferden. Typische Effekte für diese Stoffklasse sind eine Verringerung des Herzminutenvolumens, der Herzfrequenz und nach intravenöser Gabe eine initiale Hypertension, gefolgt von einer Hypotension. Die anfängliche Hypertension entwickelt sich aufgrund der Wirkung an Alpha-1- und Alpha-2-Adrenorezeptoren in der glatten Muskulatur von Gefäßen, die sich in einer Konstriktion der arteriellen und venösen Gefäße äußert (KLEIN u. SHERMAN 1977). Die folgende Hypotension wird durch die Bradykardie in Verbindung mit einem geringeren Herzminutenvolumen und einem geringeren sympathischen Tonus verursacht. Dauer und Intensität dieser Effekte sind dabei abhängig vom jeweiligen Alpha-2-Adrenorezeptor-Agonist, von der Dosis und der Art der Administration. Zudem wirken Alpha-2-Adrenorezeptor-Agonisten arrythmogen und es entstehen vermehrt artrioventrikuläre Blöcke verschiedener Grade (GARNER et al. 1971; CLARKE u. TAYLOR 1986; ENGLAND u. CLARKE 1996a). Dexmedetomidin führte bei Ponys nach intravenöser Gabe von 3,5 µg/kg, welche equipotent zu 1 mg/kg Xylazin (YAMASHITA et al. 2000b) und 7 µg/kg Medetomidin (BETTSCHART-WOLFENSBERGER et al. 2005) ist, zu einer Verringerung des kardialen Index und des gemischtvenösen Sauerstoffpartialdruckes in den ersten 10 min und zu einer Verringerung des Schlagvolumens innerhalb der ersten 5 min. Zudem zeigte sich zunächst eine 5minütige Hypertensionsphase, gefolgt von einer 45minütigen Hypotension. Der Index für den systemischen Gefäßwiderstand sowie der mittlere pulmonär arterielle Blutdruck waren für die ersten fünf Minuten erhöht. Die Gabe von Dexmedetomidin hatte keinen Einfluss auf den zentralvenösen Blutdruck und den pulmonal arteriellen wedge pressure. Eine für Alpha-2-Adrenorezeptor-Agonisten typische Verringerung der Herzfrequenz trat nicht ein (BETTSCHART-WOLFENSBERGER et al. 2005). Demnach führt Dexmedetomidin im Vergleich zu anderen Alpha-2-Adrenorezeptor-Agonisten zu einer geringeren kardiovaskulären Dämpfung (CLARKE u. HALL 1969; CLARKE u. TAYLOR 1986; CLARKE et al. 1991; YAMASHITA et al. 2000b). Dexmedetomidin in einer Dosis von 1 bzw. 1,75 µg/kg/Std führte bei Isofluran-anästhesierten (F_EIso 1,5%) Pferden zu einer statistisch signifikanten Verringerung der Herzfrequenz und des kardialen Index und einer Erhöhung des systemischen Gefäßwiderstandes. Diese Veränderungen waren jedoch sehr gering ausgeprägt (GOZALO-MARCILLA et al. 2010). Eine höhere

Infusionsrate mit 7 µg/kg/Std Dexmedetomidin in Verbindung mit Ketamin und Midazolam als total intravenöse Anästhesie erwies sich als geringgradig kardiodepressiv in Hinblick auf Herzfrequenz und Herzminutenvolumen (HOPSTER et al. 2014).

2.3.3.3.2 Respiratorische Wirkungen von Dexmedetomidin

Eine Sedation mit Alpha-2-Adrenorezeptor-Agonisten führt dosisabhängig zu einer milden Atemdepression, die sich in Form einer Reduzierung der Atemfrequenz sowie eines verminderten Atemzugvolumens äußert und zu einem verringerten Sauerstoffpartialdruck und Hyperkapnie führt, die jedoch bei gesunden wachen Pferden klinisch irrelevant ist. (REITEMEYER et al. 1986; WAGNER et al. 1991). Hämodynamische Veränderungen wie Vasokonstriktion und pulmonäre Umverteilung des Blutflusses werden für die verminderte Oxygenierung verantwortlich gemacht (WAGNER et al. 1991). Aufgrund der erniedrigten Kopfhöhe und Muskelrelaxation im Bereich des Larynx entwickeln einige Tiere ein schnarchendes Atemgeräusch und zeigen Anzeichen einer erhöhten inspiratorischen Atemtätigkeit (LAVOIE et al. 1992). Dexmedetomidin mit einer Infusionsrate von 1,75 µg/kg/Std bei Isofluran-anästhesierten Pferden führt zu einer Veränderung der arteriellen Blutgase im Sinne eines verringerten PaO_2 sowie zu einer Verringerung des arteriellen und zentral venösen Sauerstoffgehalts (CaO_2, CvO_2) und der Sauerstoffzufuhr (DO_2) zum Gewebe.

2.3.3.3.3 Einfluss auf die periphere Perfusion

Aufgrund der kardiodepressiven Eigenschaften von Dexmedetomidin, die sich durch Senkung des Herzminutenvolumens, Bradykardie und anfängliche Erhöhung des systemischen Gefäßwiderstandes äußert, ist davon auszugehen, dass diese einen deutlichen Effekt auf die Durchblutung und Oxygenierung des peripheren Gewebes haben. An Hunden konnte gezeigt werden, dass Dexmedetomidin den Sauerstoffbedarf des Körpers senkt sowie die Perfusion vitaler Organe wie Herz, Gehirn und Niere auf Kosten nicht vitaler Organe aufrecht erhält (HEYMANN et al. 1977). Dexmedetomidin senkt den Blutfluss in der Maulhöhle von Kaninchen signifikant ab (SAZUKA et al. 2012). Bei Menschen konnte nachgewiesen werden, dass Dexmedetomidin aufgrund der vasokonstriktorischen Wirkung den sublingualen

Blutfluss signifikant senkt (KAWAAI et al. 2013). In einem tierexperimentellen Modell an Isofluran anästhesierten Ratten konnte gezeigt werden, dass sich eine CRI mit Dexmedetomidin positiv auf die intestinale Mikrozirkulation auswirkt, indem es die durch die Anästhesie und Operationsstimulus verursachte Stressantwort mindert (YEH et al. 2012). Jedoch wurde eine für diese Spezies sehr niedrige Dosis an Dexmedetomidin 0,5 µg/kg/Std KGW gewählt, sodass man vermuten kann, dass der analgetische Effekt seitens Dexmedetomidin sich positiv auf den Operationsstimulus ausgewirkt hat. Des Weiteren kann man annehmen, dass die vasodilatativen Eigenschaften des Isoflurans überwogen haben und somit die Mikrozirkulation positiv beeinflusst wurde. An Hamstern konnte gezeigt werden, dass Dexmedetomidin das Auftreten von Mikrozirkulationsimbalacen während induzierter Sepsis reduziert (MIRANDA et al. 2015). Während der Anästhesie bei Pferden, welche mit Ketamin und Propofol aufrechterhalten wurde, konnte gezeigt werden, dass nach Bolusapplikation von Detomidin, der Muskelblutfluss für 10 min hochsignifikant verringert war. Diese zehnminütige Phase war des Weiteren durch typische Nebenwirkungen von Alpha-2-Adrenorezeptor-Agonisten wie einem niedrigeren Herzauswurf, einer niedrigeren Herzfrequenz und einem erhöhten systemischen Gefäßwiderstand wie auch erhöhten mittleren arteriellen Blutdruck gekennzeichnet (EDNER et al. 2002).

3 Material und Methode

3.1 Probanden

Die Untersuchungen wurden an 6 Versuchspferden durchgeführt, die im Besitz der Klinik für Pferde, Stiftung Tierärztlichen Hochschule Hannover, sind. Darunter befanden sich 3 Stuten und 3 Wallache mit einem mittleren Alter von 8 ± 2,3 Jahren und einem mittleren Gewicht von 536 ± 64 kg. Unter den Probanden waren 4 Warmblüter, 1 arabisches Vollblut und 1 Traber vertreten. Die Pferde wurden sowohl in Boxen als auch auf Paddock mit zusätzlichem Weidegang gehalten und mit Heu ad libitum gefüttert. Das Niedersächsische Landesministerium für Verbraucherschutz und Lebensmittelsicherheit hat die durchzuführenden Untersuchungen genehmigt. Die Tierversuchsnummer lautet: 33.12-42502-04-15/1780

3.2 Studiendesign

Für das Versuchsvorhaben wurden zwei Gruppen gebildet. Dabei wurden die Probanden in einem randomisierten cross-over Design jeder Gruppe jeweils einmal zugelost. Die Unterteilung bestand aus einer Gruppe DES und einer Gruppe PRO. Bei Erstgenannter wurde die Narkoseaufrechterhaltung mit Desfluran (Suprane®, Baxter Deutschland GmbH, Deutschland) und bei Letzterer mit Propofol (Propofol 2%, 20 mg/ml, Fresenius Kabi, Deutschland) durchgeführt. Beide Gruppen erhielten als Prämedikation Dexmedetomidin (Dexdomitor®, 0,5 mg/ml, Orion Pharma, Finnland) sowie während der Narkose eine Dauertropfinfusion mit Dexmedetomidin.

3.3 Versuchsaufbau

3.3.1 Narkosevoruntersuchung, -vorbereitung

Die Probanden wurden einen Tag vor den Untersuchungen in die Klinikpferdeboxen eingestallt. Sechs Stunden vor Versuchsbeginn wurde ein Maulkorb angelegt, dieser hinderte sie an der Futteraufnahme, jedoch nicht an der Wasseraufnahme. Die Untersuchung der Narkosefähigkeit fand am Morgen des Versuchstages in Form einer Allgemeinuntersuchung und der Entnahme einer Blutprobe zur Bestimmung des Hämatokrits, der Leukozytenzahl und des Gesamteiweißes, statt. Zudem wurde der Natrium- und Hämoglobingehalt des Blutes gemessen. Diese waren für die

Bestimmung des Herzauswurfes mittels Lithiumdilutionsverfahren von Bedeutung. Des Weiteren wurden die Probanden vor dem Versuch gewogen, um die entsprechende Dosierung der Medikamente zu errechnen.

3.3.2 Instrumentierung

Eine Stunde vor Versuchsbeginn wurde den Probanden ein Venenverweilkatheter (Intraflon 2, 12G-80 mm, VYGON GmbH & CO.KG, Frankreich) in die *Vena jugularis dexter* gelegt. Dafür wurde die Haut zunächst am Übergang vom oberen zum mittleren Halsdrittel auf einer Fläche von etwa 5 x 8 cm geschoren und anschließend mit einer Chlorhexidinglukonat-haltigen Seife (Chlorhexidinglukonat 4 %, Regen Medical Overseas Limited, UK) gereinigt und mit einer Alkohollösung (Softasept®N, B. Braun Melsungen AG, Deutschland) desinfiziert. Die Einstichstelle wurde vor Einbringen des Venenverweilkatheters mit 1,5 ml Lidocain (Lidocainhydrochlorid 2 %, Bela-Pharm GmbH & Co. KG, Deutschland) lokal anästhesiert. Im Anschluss wurde der Venenverweilkatheter unter aseptischen Bedingungen in die Vene eingebracht und mittels eines Fadens (Dafilon®, 4 met., B.Braun Surgical, Spanien) an der Haut befestigt.

3.3.3 Prämedikation und Induktion

Eine analgetische und antibiotische Versorgung aller Probanden fand mit Flunixin-Meglumin 1,1 mg/kg KGW, i.v. (Flunidol® RPS, 50 mg/ml, cp-pharma, Deutschland) und mit Sulfadiazin und Trimethoprim 30 mg/kg KGW (Synutrim® 72 %, Trimethoprim 120 mg/g + Sulfadiazin 600 mg/g, Vétoquinol Biowet, Polen) statt. Nach Erhebung der Baselineparameter (siehe 3.3.8 Versuchsablauf) wurden die Pferde mit Dexmedetomidin 3,5 µg/kg KGW, i.v., sediert. Das Medikament wurde über eine zeitliche Spanne von einer Minute dem Pferd verabreicht. Im Falle einer nicht ausreichenden Sedierung erhielten die Probanden einen zusätzlichen Bolus von 0,5-1 µg/kg KGW Dexmedetomidin i.v. Im Anschluss an die Sedierung und die Erhebung der Perfusionsparameter (siehe 3.3.8 Versuchsablauf) wurden die Pferde mit Ketamin 1 mg/kg KGW, i.v., (Narketan® 100 mg/ml, Vétoquinol GmbH, Deutschland) in Kombination mit Propofol 2 mg/kg KGW, i.v. in einem Ablegestand in Allgemeinanästhesie verbracht und anschließend mit einem Endotrachealtubus (Cuffed Endotracheal Tube ET 26, Surgivet®, Smiths Medical PM, Inc., USA) intubiert. Die Qualität der Einleitungsphase wurde anhand einer vereinfachten 5 Punkte Skala bewertet (MAMA et al. 1995). 1 = schlecht, 2 = unzureichend, 3 = befriedigend, 4 = gut, 5 = sehr gut. Die Bewertung der Einleitungsphase fand nicht verblindet statt.

3.3.4 Narkoseerhaltung und Narkoseverlauf

Nach der Intubation wurden die Probanden mittels eines Krans in den Operationsbereich verbracht und in linker Seitenlage auf einem gepolsterten Operationstisch gelagert. Im Anschluss wurden sie an ein Großtier-Narkosegerät angeschlossen (Vet.-Tec. Model JAVC 2000, J.D. Medical Distributing Company, USA). Eine kontrollierte Beatmung mit einem inspiratorischen Plateaudruck von 20-25 mmHg fand während des gesamten Narkoseverlaufs statt. Die Atemfrequenz wurde so eingestellt, dass die Pferde während der Anästhesie normokapnisch ($PaCO_2$ 35-45 mmHg) waren. Beide Gruppen erhielten zusätzlich reinen Sauerstoff. Die Probanden erhielten während der Narkose als Dauertropfinfusion Dexmedetomidin 7 µg/kg/Std KGW sowie Ringer-Lösung mit einer Rate von 10 ml/ kg KGW /Std (Ringer Ecobag click, B. Braun Melsungen AB, Deutschland). Die Infusionsrate von Dexmedetomidin wurde mit Hilfe einer Spritzenpumpe (Perfusor® compact, B. Braun Melsungen AB, Deutschland) eingestellt. Die Gruppe PRO erhielt in der ersten Stunde zur Narkoseaufrechterhaltung Propofol über eine Spritzenpumpe in einer Infusionsrate von 0,08 mg/kg/min. In der Gruppe DES wurde die Narkose mit Desfluran in einer Konzentration von zunächst 5 Vol % aufrechterhalten. Im darauffolgenden wurde entweder die MIR von Propofol oder die MAC von Desfluran bestimmt, wie es unter 3.3.9/10 beschrieben ist. Im Anschluss an die Messungen wurden die Probanden vom Großtier-Narkosegerät getrennt und dann mit dem Kran in eine gepolsterte Aufwachbox transportiert und diagonal in linker Seitenlage gelagert. Nach dem Wiedereinsetzen des Schluckreflexes wurden die Pferde extubiert. Auf die Nasenschleimhaut jedes Nasenloches wurde vor Extubation 5 ml Phenylephrin-Hydrochlorid (Phenylephrin-Lösung 1 mg/ml, Löwen-Apotheke, Hannover, Deutschland) aufgetragen. In ein Nasenloch wurde ein Nasentubus (Cuffed Endotracheal Tube FN14, Surgivet®, Smiths Medical PM, Inc., USA) eingebracht und ein Sauerstoffschlauch in das jeweilige andere Nasenloch gelegt. Zusätzlich wurde eine Aufstehhilfe in Form von Kopf und Schweifstrick angebracht, um die Pferde assistiert aufstehen zu lassen. Nach Erreichen des sicheren Standes wurde diese wieder entfernt, der Venenverweilkatheter gezogen und auf die Stelle Jodsalbe (Vetsept® 100mg/g, Albrecht GmbH, Deutschland) aufgetragen. Die Aufwachphase wurde, ähnlich wie die Induktion, von einer Person (SN) nach dem Recovery Quality Scale von Clark-Price beurteilt (siehe Anhang) (CLARK-PRICE et al. 2008). Vergleichbar zur Einleitungsphase fand die die Bewertung der Aufwachphase nicht verblindet statt. Abschließend wurden die Probanden in ihre Box gebracht und ihnen für 4 Stunden ein Maulkorb angelegt. Eine Anfütterung fand mit Mash und im Weiteren mit Heu statt. Alle Probanden erhielten am selben Abend noch Flunixin-Meglumin 1,1 mg/kg KGW per os sowie für weitere zwei Tage zwei Mal täglich Sulfadiazin und Trimethoprim 20mg/kg KGW (Synutrim® 72%, Trimethoprim 120 mg/g + Sulfadiazin 600 mg/g, Vétoquinol Biowet, Polen).

3.3.5 Messparameter

Die Probanden wurden von Anästhesiebeginn an an einen Narkosemonitor (Datex-Ohmeda Cardiocap/5, GE-Healthcare Clinical Systems, USA) angeschlossen. Folgende Parameter wurden dabei kontinuierlich überwacht und protokolliert: Herzfrequenz (HF), Atemfrequenz (AF), mittlerer arterieller Blutdruck (MAP), systolischer arterieller Blutdruck (SAP), diastolischer arterieller Blutdruck (DAP), inspiratorische Sauerstoffkonzentration, endexpiratorische Kohlenstoffdioxid- und Desflurankonzentration (Gruppe DES). Für die Blutdruckmessung wurde ein Katheter (Venocan™ PLUS IV Catheter 20G.33 mm, KRUUSE A/S, Dänemark) in der *Arteria facialis oder Arteria transversa faciei* platziert und über einem Drucknehmersystem (Gould Statham Transducer, PD 23 ID, USA) mit dem Narkosemonitor verbunden. Das Drucknehmersystem befand sich auf Höhe des rechten Atriums des Herzens und es wurde zu Beginn der Messung ein Nullabgleich durchgeführt, um den relativen Druck festzulegen. Der arterielle Sauerstoff- und Kohlenstoffdioxidpartialdruck, die Hämoglobinkonzentration sowie die Sauerstoffsättigung wurde anhand der Entnahme einer arteriellen Blutprobe bestimmt (AVL995, AVL Medizintechnik). Zudem wurde bei den Probanden ein Harnkatheter in die Harnblase eingebracht.

3.3.6 Herzauswurfmessung

Der Herzauswurf wurde mittels Lithiumdilutionsverfahren mit einer speziellen Vet Software (LiDCOplus Hemodynamic Monitor, LiDCO Ltd, UK) ermittelt. Zunächst wurde der Gehalt von Hämoglobin und Natrium im Blut bestimmt (AVL995, AVL Medizintechnik, Deutschland) und in den Monitor eingegeben. Der Sensor wurde an einen Drei-Wege-Hahn am arteriellen Zugang angeschlossen und mit dem Monitor verbunden. Zudem wurde die LiDCO Flusspumpe an den Sensor angeschlossen, diese wurde auf eine Flussrate von 4 ml/min gestellt. Vor der eigentlichen Herzauswurfmessung wurde zunächst die Spannung des Blutes als Baselinewert für 12 sec gemessen und dokumentiert. Dann wurde ein Bolus von 15 ml einer 2,25 milimolaren Lithiumchloridlösung (Löwenapotheke Hannover, Deutschland) über den Venenverweilkather in die Jugularvene injiziert und 5 Sekunden später die Messung gestartet. Vier Herzauswurfmessungen wurden nach erfolgreicher Bestimmung der MAC von Desfluran und der MIR von Propofol in einem zeitlichen Abstand von 20 min durchgeführt.

3.3.7 Gewebeperfusion und Oxygenierung

Die Perfusionsmessungen wurden mittels O2C (oxygen to see, Lea Medizintechnik GmbH, Deutschland) durchgeführt. Funktionell verwendet das O2C-Verfahren zwei optische Techniken. Zum einen wird Licht eines kontinuierlichen Spektrums, dem Weißlicht und zum anderen Licht einer speziellen Wellenlänge, dem Laserlicht, ins Gewebe eingestrahlt. Durch die genutzte Technik können Rückschlüsse über die Sauerstoffsättigung, die relative Hämoglobinmenge, den Blutfluss und deren Geschwindigkeit im Gewebe, gezogen werden (KRUG 2006). Zum Einsatz kamen zwei, speziell für die Anwendung beim Pferd hergestellte Messsonden. Es wurde eine Flachsonde LF-2 eingesetzt, die mit Hilfe eines Umlenkspiegels es möglich macht, dass die Sonde tangential zu den Lichtfasern auf das Gewebe appliziert werden kann. Die Detektionstiefe der Sonde liegt etwa bei 2,5 mm. Als weitere Sonde wurde eine Senkrechtsonde LSX-17 verwendet. Die Sonden sind mit einem Computer verbunden, welcher die Messdaten auf einem Monitor direkt anzeigt (siehe Abb.2). So kann anhand der direkten Übertragung die Messung kontrolliert und gleichzeitig beurteilt werden um somit Störungsartefakte zu vermeiden. Die verschiedenen Messlokalisationen wurden wie folgt mit der entsprechenden Sonde gemessen.

Tabelle 2: Darstellung der Messlokalisationen sowie der dafür gebrauchten Sonden.* im Bereich der Backenschleimhaut; + im Ösophagus; # ventral in der Ampulla recti, etwa 25 cm vor dem Anus

Messlokalistion	Sonde
Tunica mucosa oris*	LF-2
Tunica mucosa oesophagii+	LSX-17
Tunica mucosa recti#	LF-2

Die Messungen wurden von einer Person (SN) und immer der gleichen Reihenfolge nach vorgenommen, so konnte sichergestellt werden, dass es keine Abweichungen in Bezug auf Lokalisation und Art der Messung gab. Für jede Messung wurde die entsprechende Sonde auf die Schleimhaut der verschiedenen Messlokalisationen aufgebracht. Anhand der Höhe und Form der Hämoglobinsättigungskurve wurde der geeignete Sitz der Sonde ermittelt. Die Sonden wurden mit möglichst minimalem Druck auf dem Gewebe platziert um die Mikrozirkulation nicht zu beeinträchtigen. Dann wurde von einer weiteren Person (LWV) der Fußschalter am Gerät betätigt und nach Überprüfung des korrekten Sitzes und Messsignals die Messung für mindestens 45 Sekunden bzw mindestens drei Atemzyklen durchgeführt und anschließend beschriftet und gespeichert. Bei Störungen durch Bewegung des unsedierten und sedierten Pferdes oder Verrutschen der Sonde, wurde die jeweilige Messung wiederholt. Unter 3.3.8 sind die Messzeitpunkte beschrieben.

Die Messung der Mikrozirkulation an der Maulschleimhaut wurde mittels handgeschützter Fixierung der Sonde durchgeführt. Die Senkrechtsonde für die Ösophagusmessung wurde mit Hilfe einer modifizierten Nasenschlundsonde im Ösophagus platziert. Für die Messung am Rektum wurde die Sonde mit einem Rektalhandschuh überzogen und handgeschützt mit Gleitgel ins Rektum eingeführt. Die Sonde wurde dann an entsprechender Lokalisation mit einem 3-Fingergriff fixiert.

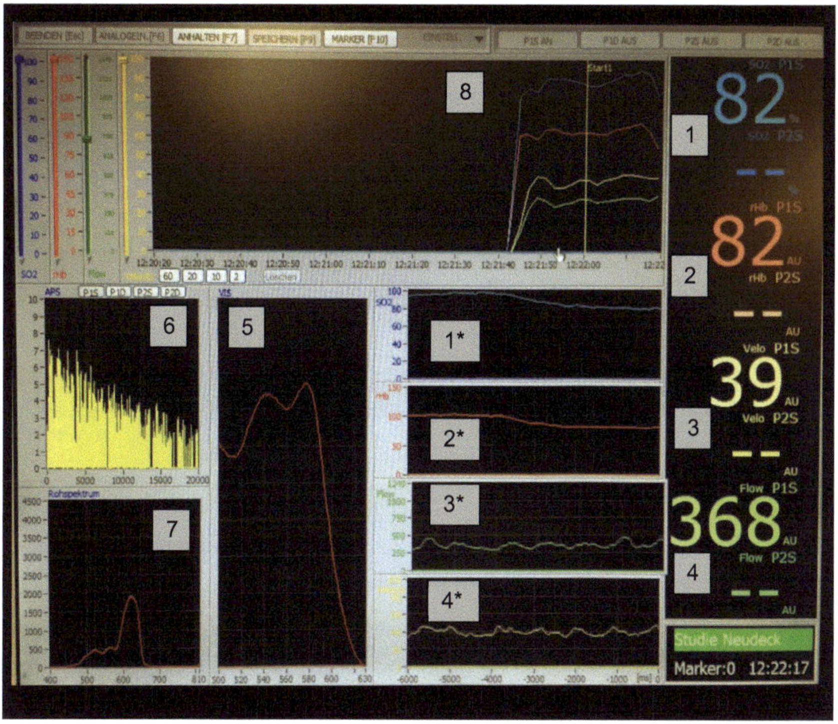

Abbildung 2: Beispielhaft dargestellt ist die Messung am Rektum mit der LF-2 Sonde (1) Sauerstoffsättigung, (2) rel. Hämoglobinmenge, (3) Velocity, (4) Flow, (1*-4*) Verlaufskurven von 1-4, (5) detektierte Hämoglobinspektrum, Absorptionskurve im sichtbaren Wellenlängenbereich 500-630 nm, (6) Histogramm: X-Achse gibt die Doppler-Shift-Frequenzen an; Y-Achse gibt die Anzahl der frequenzverschobenen Erythrozyten an, (7) Spektrum des emittierten Weißlichts, (8) graphische Darstellung des zeitlichen Verlaufs der Messung

3.3.8 Versuchsablauf

Die erste Gewebeperfusionsmessung wurde am unsedierten Pferd (B) durchgeführt. Im Anschluss erfolgte die Sedierung mit Dexmedetomidin (siehe 3.3.3). Drei Minuten nach Applikation wurden weitere Perfusionsmessung (S) durchgeführt. Anschließend wurden die Probanden in Allgemeinanästhesie verbracht (siehe 3.3.3). Nach erfolgter MAC/MIR-Bestimmung wurden 4 Perfusionsmessungen (A 1-4) in einem zeitlichen Abstand von 20 min in Allgemeinanästhesie durchgeführt. Zudem wurden zeitgleich der arterielle Sauerstoff- und Kohlenstoffdioxidpartialdruck, die

Hämoglobinkonzentration gemessen und die Sauerstoffsättigung (AVL995, AVL Medizintechnik) berechnet, sowie der Herzauswurf mittels Lithiumdilutionsverfahren vier Mal bestimmt (siehe 3.3.6). Gleichzeitig wurden folgende Parameter erfasst: HF, AF, MAP, SAP, DAP, inspiratorische Sauerstoffkonzentration, endexpiratorische Kohlenstoffdioxid- und Desfluran-Konzentration (Gruppe DES).

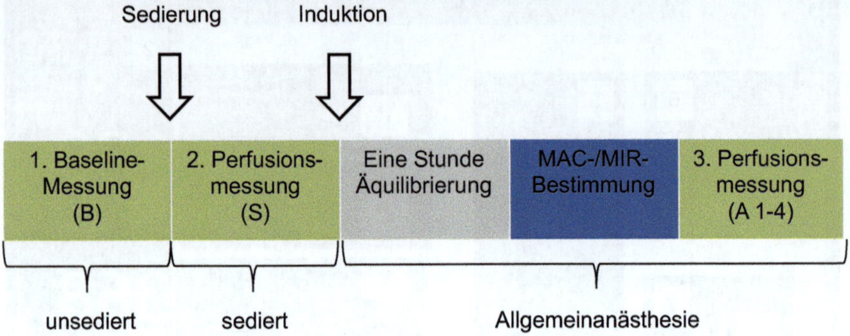

Abbildung 3: schematische Darstellung des Versuchsablaufs

Die Baselinemessung (B) wurde an der Maulschleimhaut, im Ösophagus und am Rektum durchgeführt. Darauf folgte die Sedierung mit Dexmedetomidin 3,5 µg/kg KGW und eine weitere Perfusionsmessung (S) wurde an den genannten Lokalisationen durchgeführt. Die Anästhesieeinleitung fand mit Ketamin 1 mg/kg KGW und Propofol 2 mg/kg KGW statt. Es wurde eine Äquilibrierungszeit von einer Stunde eingehalten, um im Folgenden entweder die Minimale alveoläre Konzentration (MAC) von Desfluran oder die Minimale Infusionsrate (MIR) von Propofol zu bestimmen. Zum Abschluss fand eine weitere Perfusionsmessung im Abstand von 20 min (A1-4) statt.

3.3.9 Minimalen alveolären Konzentration von Desfluran

Um die MAC von Desfluran bestimmen zu können, wurden die Probanden an einen Elektrostimulator (Grass Stimulator S48, Grass Products, USA) angeschlossen. Dafür wurde die Haut auf Höhe des lateralen Fesselbeins der rechten Vordergliedmaße rasiert und mit einer Alkohollösung (Softasept®N, B. Braun Melsungen AG, Deutschland) gereinigt. Im Anschluss wurden an dieser Stelle zwei Elektroden (Ambu® Neuroline 70005-K/12) im Abstand von 1 cm platziert und mit dem Grass Stimulator S48 verbunden. Dieser ist mit einer Gleichstrom-Einheit (Grass Constant Current Unit) ausgerüstet um einen gleichförmigen Stromfluss bzw. Stimulus zu generieren. Vor jeder Stimulation wurde der elektrische Widerstand zwischen den Elektroden mittels digitalen Multimeters (Digitaler Multimeter, VC260, Voltcraft, Deutschland) gemessen. Wenn dieser höher als 3 kΩ war, wurden die Elektroden ausgetauscht und neu platziert. Der applizierte Stimulus bestand aus Blockströmen á 25 ms mit 5 x 1 ms langen Stromimpulsen mit einer Stromstärke von 40 mA.

Die MAC-Bestimmung erfolgte im Anschluss an die Äquilibrierungszeit von einer Stunde bei einer endexpiratorischen Konzentration von 5 Vol % Desfluran. Als positive Antwort auf den elektrischen Stimulus galt eine deutliche Bewegung der Gliedmaße, des Kopfes oder des Schweifes, sowie Schluckversuche und Muskeltremor. Veränderungen der physiologischen Parameter, Nystagmus sowie keine der erwähnten Bewegungen wurden als negativ angesehen. Bei negativer Antwort wurde die Desfluran-Konzentration um 0,5% gesenkt und nach 20 min erneut stimuliert. Nach diesem Prinzip erfolgten in 20minütigen Abständen Stimulationen bis der Proband eine positive Antwort zeigte. Bei positiver Antwort wurde die Desfluran-Konzentration nun um 0,5% erhöht und erneut alle 20 Minuten bis zum Ausbleiben einer Antwort stimuliert. Die MAC stellt nun den Mittelwert zwischen der Konzentration eines Inhalationsanästhetikums bei der ein Proband positiv auf einen Stimulus reagiert und der Konzentration bei der er nicht mehr auf den Stimulus reagiert, dar. Nach erfolgreicher Bestimmung der MAC nach der „Bracketing-Methode“ (SONNER 2002), wurden die Elektroden entfernt und die betroffene Stelle lokal mit Alluminiumspray (Veteri-Care, Laatzen, Deutschland) eingesprüht. Es konnten keine Hautveränderungen festgestellt werden.

Aufgrund des Studiendesigns handelt es sich bei der Studie nicht um eine klassische MAC- und MIR-Studie, da unterschiedliche Medikamente wie Propofol und Ketamin aus Sicherheitsgründen zur Einleitung genutzt wurden. Daher bezieht sich im Folgenden der Begriff „MAC“ auf die endexpiratorische Desfluran-Konzentration bei der sich die Probanden in unserer Studie bewegt haben. Gleiches gilt auch für die MIR von Propofol.

3.3.10 Minimale Infusionsrate von Propofol

Die Bestimmung der Minimalen Infusionsrate (MIR) erfolgte nach dem gleichen Prinzip wie bei der Gruppe DES. Nach einstündiger Äquilibrierungszeit bei einer konstanten Infusionsrate von 0,08 mg/kg/min wurden die Probanden alle 20 min mit einem supramaximalen Stimulus stimuliert. Je nach Antwort wurde die Infusionsrate dann um 0,01 mg/kg/min erhöht oder verringert.

3.4 Errechnete Parameter

Anhand der Ermittlung des Herzminutenvolumens (l) und des Gewichts (kg), wurde der kardiale Index (ml/min/kg) nach folgender Formel berechnet werden. Da es keine standardisierte Methode zur Bestimmung der Körperoberfläche bei Pferden gibt, wurde eine Indizierung auf die Körpermasse vorgenommen (ROBINSON 2009).

$$\text{Kardialer Index} = \frac{\text{Herzminutenvolumen}}{\text{Körpermasse}}$$

Zur Berechnung des systemischen Gefäßwiderstands (Dynes s^{-1} $\cdot cm^{-5}$) wurde folgende vereinfachte Formel genutzt (SKIMMING et al. 1997). Grund dafür war, dass in der Studie der zentral venöse Druck nicht bestimmt wurde.

$$\text{Systemischer Gefäßwiderstand} = \frac{\text{Mittlerer arterieller Blutdruck} * 80}{\text{Herzminutenvolumen}}$$

Das Schlagvolumen (ml) und der Schlagvolumenindex (ml/kg) wurden anhand folgender Berechnungen ermittelt (ROBINSON 2009).

$$\text{Schlagvolumen} = \frac{\text{Herzminutenvolumen}}{\text{Herzfrequenz}}$$

$$\text{Schlagvolumenindex} = \frac{\text{Kardialer Index}}{\text{Herzfrequenz}}$$

Die alveoläre arterielle Sauerstoffdifferenz wurde anhand folgender Gleichung berechnet:

$$P_{(A-a)}O_2 = [(PB\text{-}PH_2O) * FiO_2 - PACO_2 / R] - PaO_2$$

P_AO_2 = alveoläre Sauerstoffpartialdruck

P_aO_2 = arterielle Sauerstoffpartialdruck

PB = atmosphärischer Luftdruck

PH_2O = Wasserdampfpartialdruck

P_ACO_2 = alveoläre Kohlenstoffdioxidpartialdruck

R = respiratorische Quotient (0,8)

Der alveoläre Totraum wurde nach folgender Gleichung bestimmt:

$$\text{Alveolärer Totraum } (\%) = \frac{\text{PaCO2} - \text{ETCO2}}{\text{PaCO2}}$$

$PaCO_2$ = arterieller Kohlenstoffdioxidpartialdruck

E_TCO_2 = endexpiratorische Kohlenstoffdioxidkonzentration

3.5 Auswertung der Ergebnisse und Statistik

Die Messungen mittels O2C wurden für jede Messlokalisation und jeden Messzeitpunkt über drei Atemzyklen durchgeführt. Die Daten für den Blutfluss und der Sauerstoffsättigung werden vom O2C mit 20 Hertz erhoben. Diese wurden in eine Exceltabelle überführt, Artefakte entfernt und als ein Messpunkt gemittelt, sodass man für jeden Probanden ein Mittelwert pro Zeitpunkt und Lokalisation erhielt. Des Weiteren wurden die während der Anästhesie dokumentierten kardiopulmonären Parameter in eine Tabelle eingefügt. Die Punktzahlen für den Recovery Quality Scale und Induktionsscore, sowie weitere dokumentierten Parameter wie Anästhesielänge, Dauer der Aufstehphase wurden ebenfalls in eine Exceltabelle übertragen und ausgewertet.

Die Statistiksoftware SAS 9.3 (SAS Institute Inc. Cary, USA) wurde für die statistische Auswertung der Daten verwendet. Ein Signifikanzniveau von 0,05 wurde angewendet. Die graphische Darstellung der Ergebnisse fand mit Hilfe der Software GraphPad PRISM 6 (GraphPad Software, Inc. USA) statt.

Eine Prüfung der Normalverteilung wurde in Form eines Shapiro-Wilk Test für Normalverteilung, sowie der visuellen Überprüfung der qq-Plots durchgeführt. Die weitere statistische Auswertung der zentralen und peripheren Perfusionsparameter fand zunächst in Form einer 2-faktoriellen Varianzanalyse (Behandlung und Messzeitpunkt) für wiederholte Messungen statt. Zudem wurde ein post-hoc Dunnett´s t-Test für die multiplen paarweisen Vergleiche der Messzeitpunkte durchgeführt. Ein t-Test für die gepaarte Beobachtung zwischen der Desfluran- und Propofolgruppe zu den verschiedenen Messzeitpunkten wurde ebenfalls gerechnet. Des Weiteren wurde eine nicht-parametrische einfache ANOVA in Form eines Wilcoxon-Vorzeichen-Rang Test für die Narkosewerte - Induktionscore, Recovery Scale, Anästhesielänge, Dauer der Aufstehphase, Menge der Boli an Dexmedetomidin und der Boli an Propofol – gerechnet.

4 Ergebnisse

4.1 Versuchsvorbereitung

Alle Probanden waren klinisch allgemeingesund und wiesen keine Veränderungen in Bezug auf das Blutbild auf. Die Werte des Hämatokrits, der Leukozytenzahl und des Gesamteiweißes lagen alle im physiologischen Referenzbereich und entsprachen denen von gesunden Pferden.

4.2 Anästhesie

4.2.1 Sedierung

Nach der Bolusapplikation des Dexmedetomidins zeigten alle Pferde eine moderate bis gute Sedierung. Bei den Probanden 1 und 6 war jeweils ein weiterer Bolus an Dexmedetomidin notwendig, um die Perfusionsmessungen durchzuführen. Bei drei weiteren Pferden wurde in beiden Versuchsdurchgängen vor der Narkoseeinleitung ein weiterer Bolus Dexmedetomidin verabreicht, um eine ausreichende Sedierung vor der Anästhesieinduktion zu erreichen.
Damit waren in der Gruppe DES im Mittel 5,1 ± 1,7 µg/kg KGW und in der Gruppe PRO im Mittel 4,7 ± 1 µg/kg KGW ($p = 0,94$) Dexmedetomidin für eine ausreichende Sedierung notwendig.

4.2.2 Induktion

Anhand des 5-Punkte Score von MAMA et al. (1995) wurde die Induktionsqualität in der Gruppe DES mit einem Median von 3 (1-4) und in der Gruppe PRO mit 4 (3-4) Punkten bewertet und es ergab sich kein statistischer Unterschied zwischen den beiden Gruppen ($p = 0,24$). Zunächst trat eine deutliche Muskelrelaxation in den Hintergliedmaßen ein, sodass die Pferde für eine kurze Zeit in einer hundesitzigen Stellung verbrachten bevor sie in die Seitenlage kamen. Zudem waren vereinzelnd leichte Muskelzuckungen und – bewegungen zu beobachten. Die Probanden ließen sich in allen Fällen leicht intubieren. Der Transport der Probanden von dem Einleitungsstand in den Operationsbereich verlief ohne Zwischenfälle und die Pferde wurden innerhalb von zehn Minuten nach Medikamentenapplikation an das

Großtiernarkosegerät angeschlossen und die Dauertropfinfusion mit Dexmedetomidin gestartet.

4.2.3 Narkosedauer

Die Narkosedauer lag in der Gruppe DES im Mittel bei 256 ± 23 min und in der Gruppe PRO bei 244 ± 28 min und unterschieden sich nicht signifikant (p = 0,52).

4.2.4 Minimale alveoläre Konzentration

Die anfängliche alveoläre Konzentration von Desfluran von 5 Vol. % konnte mit Hilfe einer Dauertropfinfusion von Dexmedetomidin 7 µg/kg/Std auf eine alveoläre Konzentration von 2,6 ± 0,9 Vol. % gesenkt werden. Die einzelnen Werte pro Proband sind in der folgenden Tabelle 3 dargestellt.

Drei von sechs Probanden zeigten durchgehend eine negative Antwort auf die elektrische Stimulation und wiesen bei zu geringer Anästhesietiefe spontane Bewegungen auf, die von einer leichten Bewegung der Ohren und der Gliedmaße bis hin zum Versuch des Hebens des Kopfes führten. Bei drei von sechs Pferden war die Verabreichung eines Propofol-Bolus notwendig. Die mittlere Propofol-Dosis lag bei 0,8 ± 0,8 mg/kg KGW

4.2.5 Minimale Infusionsrate

Eine MIR von 0,04 ± 0,01 mg/kg/min konnte durch die Zugabe von Dexmedetomidin als Dauertropfinfusion von 7 µg/kg/Std erreicht werden. Alle Werte sind in der Tabelle 3 dargestellt.

Wie in der Gruppe DES zeigten drei von sechs Probanden durchgehend eine negative Antwort auf die elektrische Stimulation und wiesen bei zu geringer Anästhesietiefe spontane Bewegungen auf, die von einer leichten Bewegung der Ohren und der Gliedmaße bis hin zum Versuch des Hebens des Kopfes führten. Bei drei von sechs Pferden war die Verabreichung eines Propofol-Bolus notwendig. Die mittlere Propofol-Dosis lag bei 1 ± 1.4 mg/kg KGW. Die mittlere Dosis der Boli zwischen den beiden Gruppen unterschied sich nicht signifikant (p = 0,74).

Tabelle 3: Individuelle Werte für die Minimale alveoläre Konzentration von Desfluran und die Minimale Infusionsrate von Propofol von 6 Pferden, die eine Infusion von 7 µg/kg/Std Dexmedetomidin erhalten haben. Zudem sind der Mittelwert und die Standartabweichung für die beiden Gruppen angegeben.

Proband	Minimale alveoläre Konzentration (Vol. %)	Minimale Infusionsrate (mg/kg/min)
1	4,25	0,04
2	1,75	0,035
3	2,25	0,035
4	2,75	0,045
5	2,25	0,025
6	2,25	0,055
MW	2,6	0,04
SD	0,9	0,01

4.2.6 Aufstehphase

Die Aufstehphase verlief bei allen Pferden sehr ruhig und kontrolliert. Im Mittel benötigten die Pferde in der Gruppe DES 37,5 ± 10,8 min und in der Gruppe PRO 38,7 ± 16,4 min um einen sicheren Stand zu erreichen (p = 0,93).

4.2.6.1 Recovery Scale

Der Median der Aufwachphase in der Gruppe DES betrug 21 (15 – 42) und in der Gruppe PRO 14 (11 – 24) und unterschied sich nicht signifikant (p = 0,076). Die Aufwachphase war im Allgemeinen von einer recht langen Seitenlage und einer relativ kurzen sternalen Phase des Pferdes gekennzeichnet. Die Anzahl der Aufstehversuche betrug in der Gruppe DES 1,67 ± 0,4 und in der Gruppe PRO 1 ± 0. Proband 4 (Gruppe DES) zeigte nach dem Aufstehen vermehrt Husten und einen deutlichen *Stridor nasalis*. Dieser erhielt zunächst 500 mg Methylprednisolon (Medrate® Solubile ad us. vet. 500 mg, Zoetis, Deutschland) und wurde für drei Tage mit Clenbuterol 0,8 µg/kg und Dembrexin 0,3 mg/kg (Sputolysin®, 5 mg/g, Boehringer Ingelheim Vetmedica GmbH, Deutschland) zwei Mal täglich behandelt.

Tabelle 4: Individueller Induktionsscore nach MAMA et al. (1995) und Recovery Scale nach CLARK-PRICE et al. (2008) von 6 Pferden, die mit Propofol oder Desfluran in Verbindung mit einer Infusion von Dexmedetomidin in gleicher Anästhesietiefe anästhesiert wurden.

Proband	Induktionsscore		Recovery Scale	
	DES	PRO	DES	PRO
1	3	4	17	24
2	4	4	15	15
3	3	3	26	13
4	4	3	43	11
5	3	4	25	13
6	3	4	17	20
Median	3	4	21	14
Min. und Max.	1 - 4	3 - 4	17 - 43	11 - 24

Tabelle 5: Individuelle Narkosedauer (min), Länge der Aufstehphase (min), sowie die zusätzlichen Boli von Dexmedetomidin und Propofol von 6 Pferden, die mit Propofol oder Desfluran in Verbindung mit einer Infusion von Dexmedetomidin in gleicher Anästhesietiefe anästhesiert wurden.

Pro-band	**Narkosedauer** (min)		**Aufstehphase** (min)		**Zusätzl. Dexmedetomidin Bolus** (µg/kg KGW)		**Zusätzl. Propofol Bolus** (mg/kg KGW)	
	DES	PRO	DES	PRO	DES	PRO	DES	PRO
1	250	265	48	53	3,5	1,7	2,3	3,3
2	285	250	30	20	1,2	1,1	0	0
3	270	235	45	45	0,8	2,4	0,5	2,2
4	215	260	45	60	0	0	0,8	0
5	260	265	37	24	0,9	0	0,2	0
6	260	190	20	30	3,9	1,8	0,9	1,3
MW	260	255	41	37,5	1,6	1,2	0,8	1
SD	23	28	10,8	16,3	1,7	1	0,8	1,4

4.3 Globale Perfusionsparameter

Für keinen der globalen Perfusionsparameter konnte ein zeitlich signifikanter Effekt für die unterschiedlichen Messzeitpunkte in der 2-faktoriellen Varianzanalyse sowohl in der Gruppe PRO als auch DES festgestellt werden. Zudem konnte bei allen globalen Parametern kein signifikanter Unterschied in Bezug auf die Interaktion zwischen Messzeitpunkt und Behandlung gesehen werden. Es konnten lediglich Gruppenunterschiede in der 2-faktoriellen Varianzanalyse festgestellt werden, die im folgenden abgehandelt werden.

4.3.1 Herzfrequenz

Probanden der Gruppe DES und PRO hatten jeweils eine Herzfrequenz von 29 ± 3 Schläge pro Minute. Es konnten keine statistisch signifikanten Unterschiede (p = 0,5) zwischen den beiden Gruppen und den einzelnen Messzeitpunkten festgestellt werden.

Tabelle 6: Mittlere Herzfrequenz von 6 Pferden, die mit Propofol oder Desfluran in Verbindung mit einer Infusion von Dexmedetomidin in gleicher Anästhesietiefe anästhesiert wurden.

Messzeitpunkt	**Herzfrequenz** (Schläge pro min)	
	DES	PRO
A 1	29 ± 3	29 ± 3
A 2	29 ± 3	29 ± 3
A 3	29 ± 3	28 ± 2
A 4	28 ± 3	29 ± 3
MW ± SD	29 ± 3	29 ± 3

4.3.2 Mittlerer arterieller Blutdruck

Der mittlere arterielle Blutdruck der Gruppe DES betrug 101 ± 10 mmHg und der Gruppe PRO 105 ± 26 mmHg. Es lag kein signifikanter Unterschied (p = 0,23) zwischen den Gruppen vor. Zudem konnte kein signifikanter Unterschied zwischen den einzelnen Messzeitpunkten innerhalb einer Gruppe ermittelt werden.

Tabelle 7: Mittlerer arterieller Blutdruck (MW ± SD) von 6 Pferden gemittelt für jeden einzelnen Messzeitpunkt, die mit Propofol oder Desfluran in Verbindung mit einer Infusion von Dexmedetomidin in gleicher Anästhesietiefe anästhesiert wurden.

Messzeitpunkt	**Mittlerer arterieller Blutdruck** (mmHg)	
	DES	PRO
A 1	101 ± 9	104 ± 27
A 2	102 ± 12	104 ± 25
A 3	102 ± 9	106 ± 26
A 4	100 ± 10	105 ± 26
MW ± SD	101 ± 10	105 ± 26

4.3.3 Herzauswurf

Der Herzauswurf war in der Gruppe DES mit 40 ± 5 l signifikant höher als in der Gruppe PRO mit 38 ± 5 l (p = 0,02). Der CI der Gruppe DES 74 ± 9 ml/min/kg war ebenfalls signifikant höher als in der Gruppe PRO 70 ± 9 ml/min/kg (p = 0,01). Es waren keine signifikanten Unterschiede zwischen den Messungen innerhalb einer Gruppe zu verzeichnen.

Tabelle 8: Mittlerer Herzauswurf und Cardiac Index von 6 Pferden, die mit Propofol oder Desfluran in Verbindung mit einer Infusion von Dexmedetomidin in gleicher Anästhesietiefe anästhesiert wurden.

\# der Herzauswurf sowie der Cardiac Index waren in der Gruppe PRO signifikant (p = 0,02; p = 0,01) niedriger

Messzeit	**Herzauswurf** (l)		**Cardiac Index** (ml/min/kg)	
punkt	DES	PRO	DES	PRO
A 1	40 ± 5	38 ± 5	75 ± 10	70 ± 10
A 2	39 ± 5	38 ± 6	73 ± 11	70 ± 10
A 3	40 ± 3	37 ± 5	76 ± 10	70 ± 8
A 4	39 ± 5	37 ± 5	70 ± 6	69 ± 10
MW ± SD	40 ± 5	38 ± 5 #	74 ± 9	70 ± 9 #

4.3.4 Schlagvolumen

Hinsichtlich des Schlagvolumens konnten keine signifikanten Unterschiede (p = 0,18) zwischen den beiden Gruppen und zwischen den einzelnen Messzeitpunkten beobachtet werden. Für die Gruppe DES ergab sich ein errechnetes Schlagvolumen von 1371 ± 139 ml und für die Gruppe PRO eins von 1315 ± 193 ml. Beide Anästhesieregime führten auch zu einem vergleichbaren Schlagvolumenindex (p = 0,09). Für die Desflurangruppe ergab sich ein SVI Index von 2,6 ± 0,3 ml/kg/min und für die Gruppe PRO von 2,3 ± 0,2 ml/kg/min.

Tabelle 9: Mittleres Schlagvolumen und mittlerer Schlagvolumenindex von 6 Pferden, die mit Propofol oder Desfluran in Verbindung mit einer Infusion von Dexmedetomidin in gleicher Anästhesietiefe anästhesiert wurden.

Messzeitpunkt	**Schlagvolumen** (ml)		**Schlagvolumenindex** (ml/kg/min)	
	DES	PRO	DES	PRO
A 1	1388 ± 135	1322 ± 202	2,6 ± 0,3	2,3 ± 0,1
A 2	1337 ± 149	1317 ± 245	2,5 ± 0,3	2,4 ± 0,2
A 3	1389 ± 128	1321 ± 174	2,6 ± 0,4	2,4 ± 0,1
A 4	1371 ± 142	1298 ± 151	2,5 ± 0,3	3,1 ± 0,2
MW ± SD	1371 ± 139	1315 ± 193	2,6 ± 0,3	2,3 ± 0,2

4.3.5 Systemischer Gefäßwiderstand

In Bezug auf den systemischen Gefäßwiderstand ergab sich ein signifikanter Unterschied ($p = 0,048$) zwischen den beiden Gruppen. Für die Gruppe DES wurde ein SVR von 210 ± 38 Dynes s^{-1} cm^{-5} und für die Gruppe PRO von 229 ± 70 Dynes s^{-1} cm^{-5} errechnet. Zwischen den einzelnen Messzeitpunkten und den beiden Gruppen ergab sich kein statistischer Unterschied (A 1: $p = 0,46$; A 2: $p = 0,6$; A 3: $p = 0,28$; A 4: $p = 0,19$).

Tabelle 10: Mittlerer Systemischer Gefäßwiderstand von 6 Pferden, die mit Propofol oder Desfluran in Verbindung mit einer Infusion von Dexmedetomidin in gleicher Anästhesietiefe anästhesiert wurden.

[#] signifikant höher in der Gruppe PRO als in der Gruppe DES

Messzeitpunkt	**Systemischer Gefäßwiderstand** (Dynes s^{-1} cm^{-5})	
	DES	PRO
A 1	206 ± 35	225 ± 71
A 2	216 ± 49	227 ± 66
A 3	207 ± 31	232 ± 70
A 4	209 ± 37	232 ± 73
MW ± SD	210 ± 38	229 ± 70[#]

4.3.6 Atemfrequenz

Während der Perfusionsmessungen hatten die Probanden der Gruppe DES eine Atemfrequenz von 6 ± 1 Züge pro Minute und der Gruppe PRO eine von 6 ± 1 Züge pro Minute und unterschieden sich nicht statistisch signifikant ($p = 0,86$).

4.3.7 Arterieller Sauerstoffpartialdruck

Probanden der Gruppe PRO zeigten signifikant höhere PaO_2-Werte ($p = 0,0041$) als Probanden der Gruppe DES (311 ± 63 vs. 236 ± 59 mmHg).

Tabelle 11: Mittlerer arterieller Sauerstoffpartialdruck von 6 Pferden, die mit Propofol oder Desfluran in Verbindung mit einer Infusion von Dexmedetomidin in gleicher Anästhesietiefe anästhesiert wurde.

signifikant höher in der Gruppe PRO

Messzeitpunkt	**PaO_2** (mmHg)	
	DES	PRO
A 1	232 ± 51	318 ± 79
A 2	237 ± 68	298 ± 66
A 3	235 ± 65	312 ± 45
A 4	240 ± 50	317 ± 61
MW ± SD	236 ± 59	311 ± 63 #

4.3.8 Arterieller Kohlendioxidpartialdruck

Der arterielle Kohlenstoffdioxidpartialdruck unterschied sich nicht signifikant zwischen den beiden Gruppen und den einzelnen Messungen innerhalb einer Gruppe. Probanden der Gruppe DES hatten einen mittleren $PaCO_2$ von 42 ± 3 mmHg und die der Gruppe PRO von 41 ± 1 mmHg.

Tabelle 12: Mittlerer arterieller Kohlenstoffdioxidpartialdruck von 6 Pferden, die mit Propofol oder Desfluran in Verbindung mit einer Infusion von Dexmedetomidin in gleicher Anästhesietiefe anästhesiert wurde.

Messzeitpunkt	**$PaCO_2$** (mmHg)	
	DES	PRO
A 1	42 ± 3	42 ± 2
A 2	42 ± 2	42 ± 1
A 3	42 ± 3	41 ± 1
A 4	42 ± 2	41 ± 1
MW ± SD	42 ± 3	41 ± 1

4.3.9 Endexpiratorische Kohlendioxidkonzentration

Die endexpiratorische Kohlendioxidkonzentration unterschied sich signifikant (p = 0,0008) zwischen beiden Gruppen (DES 34 ± 2 vs. PRO 38 ± 2). Die Unterschiede zwischen den beiden Gruppen und der jeweiligen Messung ergab zu den Messzeitpunkten A 1 (p = 0,0421) und A 3 (p = 0,0061) ebenfalls signifikante Unterschiede.

Tabelle 13: Mittlere endexpiratorische Kohlenstoffdioxidkonzentration von 6 Pferden, die mit Propofol oder Desfluran in Verbindung mit einer Infusion von Dexmedetomidin in gleicher Anästhesietiefe anästhesiert wurde.

$^{\#}$ signifikant höhere endexpiratorische Kohlenstoffdioxidkonzentration in der Gruppe PRO als in der Gruppe DES (A 1: p = 0,0421; A 3: p = 0,0061; A 4: p = 0,079)

Messzeitpunkt	**$EtCO_2$** (mmHg)	
	DES	PRO
A 1	34 ± 2	38 ± 2$^{\#}$
A 2	34 ± 2	38 ± 2
A 3	34 ± 2	37 ± 1$^{\#}$
A 4	35 ± 2	38 ± 2
MW ± SD	34 ± 2	38 ± 2$^{\#}$

4.3.10 Alveolärer Totraum

Der alveoläre Totraum unterschied sich zwischen den beiden Gruppen signifikant (p = 0,0002) und war im Mittel in der Gruppe DES mit 18,2 ± 3,1 % etwa doppelt so groß wie in der Gruppe PRO mit 9,5 ± 4,9 %. Es ergab sich für die vier durchgeführten Messungen zwischen den beiden Gruppen ebenfalls signifikante Unterschiede (A 1: p = 0,0233; A 2: p = 0,0230; A 3: p = 0,0006; A 4: p = 0,01).

Tabelle 14: Mittlerer alveolärer Totraum von 6 Pferden, die mit Propofol oder Desfluran in Verbindung mit einer Infusion von Dexmedetomidin in gleicher Anästhesietiefe anästhesiert wurde.

[#] In der Gruppe PRO war der Totraum signifikant niedriger als in der Gruppe DES (A 1: p = 0,0233; A 2: p = 0,0230; A 3: p = 0,0006; A 4: p = 0,01)

Messzeitpunkt	**Totraum** (%)	
	DES	PRO
A 1	18 ± 5	11 ± 6[#]
A 2	19 ± 3	9 ± 6[#]
A 3	19 ± 6	9 ± 5[#]
A 4	18 ± 4	9 ± 5[#]
MW ± SD	19 ± 5	10 ± 6 [#]

4.3.11 Alveoläre-arterielle Sauerstoffdifferenz

Die alveoläre-arterielle Sauerstoffdifferenz war mit 318 ± 98 mmHg signifikant niedriger in der Gruppe PRO (p = 0,007) als mit 381 ± 54 mmHg in der Gruppe DES. Zwischen den einzelnen Messzeitpunkten und der Gruppen waren keine signifikanten Unterschiede zu erkennen (A 1: p = 0,09; A 2: p = 0,33; A 3: p = 0,1; A 4: p = 0,16).

Tabelle 15: Mittlere alveoläre-arterielle Sauerstoffdifferenz von 6 Pferden, die mit Propofol oder Desfluran in Verbindung mit einer Infusion von Dexmedetomidin in gleicher Anästhesietiefe anästhesiert wurde.

In der Gruppe PRO war diese signifikant niedriger als in der Gruppe DES (p = 0,007)

Messzeitpunkt	Alveoläre-arterielle Sauerstoffdifferenz	
	DES	PRO
A 1	384 ± 47	308 ± 109
A 2	379 ± 65	331 ± 102
A 3	380 ± 62	318 ± 86
A 4	373 ± 42	313 ± 94
MW ± SD	381 ± 54	318 ± 98 #

4.4 Periphere Perfusionsparameter

Proband 2 wurde während der dritten Perfusionsmessung unter Desflurananästhesie hypoxisch und zeigte hochgradige Spontanatmung. Daher wurde die vierte Perfusionsmessung nicht durchgeführt und es fehlen sowohl die zentralen als auch peripheren Parameter für die Messung A 4. Nach wiedererreichen einer ausreichenden Oxygenierung wurde die Stute sicher in die Aufwachbox verbracht und ist kontrolliert und ohne Komplikationen aufgestanden.

Die Platzierung der Sonden im Rektum, der Maulschleimhaut sowie im Ösophagus erwies sich als leicht durchzuführen, wobei für die Messung am Ösophagus eine modifizierte Nasenschlundsonde eingebracht werden musste. Dies tolerierten zwei von den sechs Probanden in jeweils beiden Gruppen nur mit Zuhilfenahme einer Oberlippenstrickbremse. Die Messungen am Rektum und der Maulschleimhaut erwiesen sich als sehr stetig und zuverlässig im Hinblick auf den Blutfluss und die Sauerstoffsättigung. Im Ösophagus hingegen kam es zu deutlichen Schwankungen beim Blutfluss, welche wahrscheinlich durch periodisch auftretende Kontraktionen im Ösophagus ausgelöst wurden. Jedoch waren die gebildeten Mittelwerte vergleichbar zwischen den Probanden und den Messungen, sodass man trotzdem von validen

Messergebnissen ausgehen kann. Im Gegensatz dazu blieb die Sauerstoffsättigung stetig im Ösophagus und unterlag keinerlei Schwankungen.
Für die Maulschleimhautmessung während der Anästhesie reichte es aus, die Sonde zwischen den Backenzähnen und der Backenschleimhaut zu legen, um eine gute Fixierung und konstante Messdaten zu erhalten. Hingegen erfolgte die Platzierung der Sonde am unsedierten und sedierten Pferd handgeschützt, um diese vor möglichen Kaubewegungen zu schützen. Die Messlokalisation unterschied sich dabei nicht. Die Pferde tolerierten diese Art der Manipulation, bis auf Proband 1 (Headshaker) sehr gut.

4.4.1 Tunica mucosa oris

4.4.1.1 Sauerstoffsättigung

Die Sauerstoffsättigung der Maulschleimhaut am nicht sedierten Pferd betrug in der Gruppe DES 74 ± 2 % und in der Gruppe PRO 74 ± 2 %. Nach anschließender Sedierung mit Dexmedetomidin sank diese in der Gruppe DES nicht signifikant (p = 0,07) und in der Gruppe PRO signifikant (p = 0,001) von 76 ± 3 % auf 70 ± 1 % ab.
In der Gruppe DES konnte kein signifikanter Unterschied zwischen Baseline und den vier einzelnen Messzeitpunkten in Narkose beobachtet werden (A 1: p = 0,99; A 2: p = 0,96; A 3: p = 0,91; A 4: p = 0,55).
In der Gruppe PRO lag zum Zeitpunkt der A 1 und A 4 Messung die Sauerstoffsättigung in der Maulschleimhaut signifikant unter dem Baseline-Wert (A 1: p = 0,01; A 4: p = 0,03). Die ermittelten Werte für der A 2 und A 3 Messung unterschieden sich nicht signifikant von den Baseline-Werten (A 2: p = 0,99; A 3: p = 0,42). Ein signifikanter Unterschied zwischen den beiden Gruppen während der Allgemeinanästhesie konnte nicht beobachtet werden (p = 0,27).
In der 2-faktoriellen Varianzanalyse konnte ein signifikanter Einfluss des Faktors Zeit (p < 0,001) auf die Sauerstoffsättigung in der Maulschleimhaut gesehen werden. Hingegen konnten keine Gruppenunterschiede oder eine Interaktion zwischen den Faktoren Behandlung und Messzeitpunkt festgestellt werden.

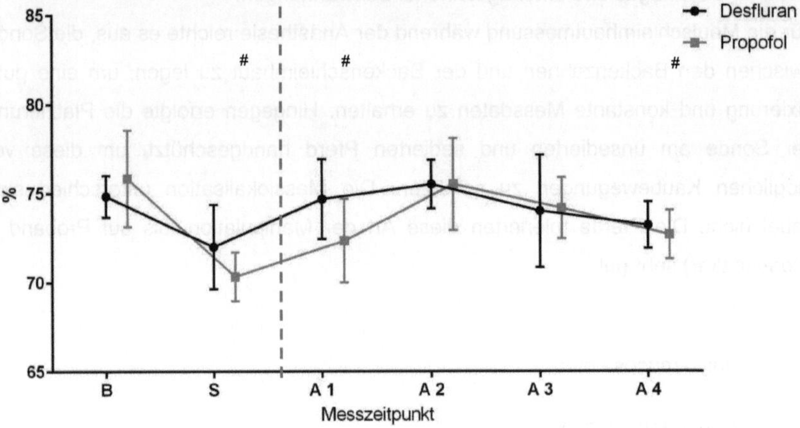

Abbildung 4: Mittlere Sauerstoffsättigung in der Maulschleimhaut von 6 Pferden, die mit Propofol oder Desfluran in Verbindung mit einer Infusion von Dexmedetomidin in gleicher Anästhesietiefe anästhesiert wurde. Die Abstände der Messungen betrugen in beiden Gruppen zwischen der Baseline und Sedierungsmessung fünf Minuten und zwischen Sedierung und den Narkosemessungen in etwa 3 Stunden. Nach Bestimmung der MAC und MIR erfolgte im 20-minütigen Abstand die Perfusionsmessung während der Narkose. Die gestrichelte Linie markiert den Messungsbeginn in Allgemeinanästhesie.

signifikanter Unterschied zwischen Baseline und Sedierung (p = 0,001), A 1 (p = 0,01), A 4 (p = 0,03) in der Gruppe PRO

4.4.1.2 Blutfluss

Der Blutfluss zum ersten Messzeitpunkt (B) betrug in der Maulschleimhaut der Gruppe DES 274,33 ± 8,36 AU und der Gruppe PRO 273,5 ± 15,58 AU und wies keinen Unterschied zwischen den Gruppen auf (B: p = 0,89).

Dexmedetomidin senkte den Blutfluss in beiden Gruppen signifikant (DES: p = 0,001; PRO: p = 0,001) auf 159,33 ± 14,55 in der Gruppe DES und auf 166,17 ± 11,54 in der Gruppe PRO.

In der Gruppe DES stieg der Blutfluss stetig an und erreichte zum Ende der Messungen Baselineniveau. Zum Messpunkt A 1 lag ein signifikanter Unterschied vor (A 1: p = 0,0014), ab dem 4. Messzeitpunkt waren keine signifikanten Unterschiede mehr vorhanden (A 2: p = 0,39; A 3: p = 0,65; A 4: p = 0,87).

In der Gruppe PRO lag zum Messzeitpunkt A 2 ein signifikanter Unterschied des Blutflusses zur Baseline vor (p = 0,04). An den übrigen Messzeitpunkten konnten keine Unterschiede zwischen den Messungen und dem Baseline-Wert beobachtet werden (A 1: p = 0,12; A 3: p = 0,09; A 4: p = 0,28).

Zu keinem Messzeitpunkt konnte ein Unterschied zwischen der Gruppe DES und PRO beobachtet werden (B: p = 0,88; S: p = 0, 39; A 1: p = 0,2; A 2: p = 0,72; A 3: p = 0,61; A 4: p = 0,54).

In der 2-faktoriellen Varianzanalyse konnte ein signifikanter Einfluss des Faktors Zeit (p < 0,001) auf den Blutfluss in der Maulschleimhaut gesehen werden. Hingegen konnten keine Gruppenunterschiede oder eine Interaktion zwischen den Faktoren Behandlung und Messzeitpunkt festgestellt werden.

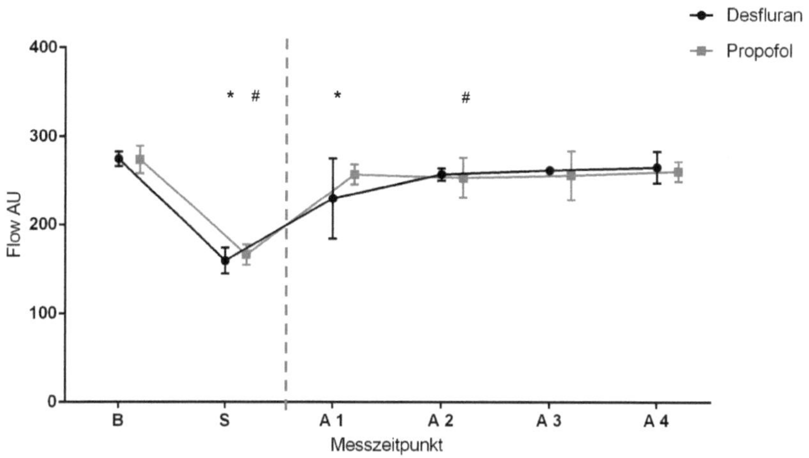

Abbildung 5: Mittlerer Blutfluss in der Maulschleimhaut von 6 Pferden, die mit Propofol oder Desfluran in Verbindung mit einer Infusion von Dexmedetomidin in gleicher Anästhesietiefe anästhesiert wurde. Die Abstände der Messungen betrugen in beiden Gruppen zwischen der Baseline und Sedierungsmessung fünf Minuten und zwischen Sedierung und den Narkosemessungen in etwa 3 Stunden. Nach Bestimmung der MAC und MIR erfolgte im 20-minütigen Abstand die Perfusionsmessung während der Narkose. Die gestrichelte Linie markiert den Messungsbeginn in Allgemeinanästhesie.

* In der Gruppe DES kam es zu einem signifikanten Abfall der Perfusion nach Sedierung mit Dexmedetomidin (p = 0,001) und während des dritten Messzeitpunktes (p = 0,0014) im Vergleich zur Baseline Messung.

In der Gruppe PRO hingegen war ein signifikanter Unterschied des Messzeitpunktes 2 (p = 0,001) und 4 (p = 0,04) im Vergleich zum Messzeitpunkt 1 festzustellen.

4.4.2 Tunica mucosa oesophagii

4.4.2.1 Sauerstoffsättigung

Die Baseline-Sauerstoffsättigung (B) in der Schleimhaut des Ösophagus betrug in der Gruppe DES 80 ± 2 % und in der Gruppe PRO 81 ± 1 %. Nach der Sedierung (S) sank diese signifikant in beiden Gruppen auf 76 ± 2 % (DES; p = 0,0026) und 75 ± 1 % (PRO; p = 0,001) ab. Ein Unterschied zwischen den beiden Gruppen zum Messzeitpunkt B (p = 0,53) und S (p = 0,45) bestand nicht.

In beiden Gruppen stieg die Sauerstoffsättigung in der Ösophagusschleimhaut während der Narkose wieder an und unterschied sich zu keinem Messzeitpunkt signifikant (Gruppe DES: A 1: p = 0,75; A 2: p = 0,87; MZP 5: p = 0,99; A 4: p = 0,47; Gruppe PRO: A 1: p = 0,95; A 2: p = 0,08; A 3: p = 0,53; A 4: p =0,9).

Zu keinem Messzeitpunkt bestand ein signifikanter Unterschied zwischen den beiden Anästhesieregimen (A 1: p = 0,15; A 2: p = 0,15; A 3: p = 0,15; A 4: p = 0,35).

In der 2-faktoriellen Varianzanalyse konnte ein signifikanter Einfluss des Faktors Zeit (p < 0,001) auf die Sauerstoffsättigung im Ösophagus gesehen werden. Hingegen konnten keine Gruppenunterschiede oder eine Interaktion zwischen den Faktoren Behandlung und Messzeitpunkt festgestellt werden.

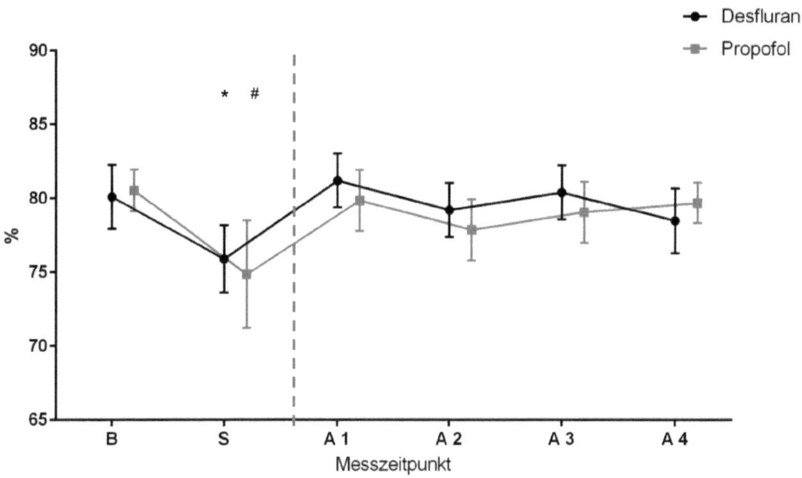

Abbildung 6: Mittlere Sauerstoffsättigung in der Ösophagusschleimhaut von 6 Pferden, die mit Propofol oder Desfluran in Verbindung mit einer Infusion von Dexmedetomidin in gleicher Anästhesietiefe anästhesiert wurde. Die Abstände der Messungen betrugen in beiden Gruppen zwischen der Baseline und Sedierungsmessung fünf Minuten und zwischen Sedierung und den Narkosemessungen in etwa 3 Stunden. Nach Bestimmung der MAC und MIR erfolgte im 20-minütigen Abstand die Perfusionsmessung während der Narkose. Die gestrichelte Linie markiert den Messungsbeginn in Allgemeinanästhesie.

* signifikanter Unterschied zwischen B und S in der Gruppe DES ($p = 0,0026$)

signifikanter Unterschied zwischen B und S in der Gruppe PRO ($p = 0,001$).

4.4.2.2 Blutfluss

Der Blutfluss in der Ösophagusschleimhaut betrug zur B Messung in der Gruppe DES 371 ± 7 AU und in der Gruppe PRO 362 ± 16 ($p = 0,15$). Zur S Messung sank der Blutfluss sowohl in der Gruppe DES als auch in der Gruppe PRO signifikant auf 219 ± 31 AU ($p < 0,0001$) und 256 ± 25 AU ($p < 0,0001$) ab. Es lag kein signifikanter Unterschied zwischen den Gruppen vor ($p = 0,31$).

In der Gruppe DES stieg der Blutfluss zu den Messungen A 1 bis 4 wieder an, lag jedoch weiter signifikant unter dem Baseline-Wert (A 1: $p < 0,0001$; A 2: $p < 0,0001$; A 3: $p < 0,0001$; A 4: $p < 0,0001$).

In der Gruppe PRO stieg der Blutfluss ebenfalls an. Der Blutfluss lag zu den Messungen A 1 bis 4 signifikant unter dem Baseline-Wert (A 1: $p = 0,0003$; A 2: $p < 0,0001$; A 3: $p < 0,0001$; A 4: $p = 0,0003$).

Während der Anästhesie lag kein Unterschied zwischen den Gruppen DES und PRO vor (A 1: $p = 0,3$; A 2: $p = 0,3$; A 3: $p = 0,3$; A 4: $p = 0,56$).

In der 2-faktoriellen Varianzanalyse konnte ein signifikanter Einfluss des Faktors Zeit ($p < 0,001$) auf den Blutfluss im Ösophagus gesehen werden. Hingegen konnten keine Gruppenunterschiede oder eine Interaktion zwischen den Faktoren Behandlung und Messzeitpunkt festgestellt werden.

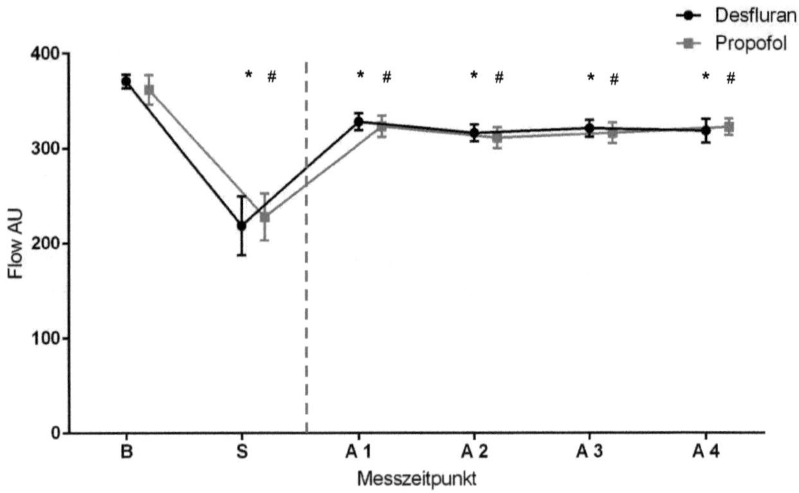

Abbildung 7: Mittlerer Blutfluss in der Ösophagusschleimhaut von 6 Pferden, die mit Propofol oder Desfluran in Verbindung mit einer Infusion von Dexmedetomidin in gleicher Anästhesietiefe anästhesiert wurde. Die Abstände der Messungen betrugen in beiden Gruppen zwischen der Baseline und Sedierungsmessung fünf Minuten und zwischen Sedierung und den Narkosemessungen in etwa 3 Stunden. Nach Bestimmung der MAC und MIR erfolgte im 20-minütigen Abstand die Perfusionsmessung während der Narkose. Die gestrichelte Linie markiert den Messungsbeginn in Allgemeinanästhesie.

* signifikant niedriger als Baselinewert in der Gruppe DES (S: $p < 0,0001$ A 1: $p < 0,0001$; A 2: $p < 0,0001$; A 3: $p < 0,0001$; A 4: $p < 0,0001$)

signifikant niedriger als Baselinewert in der Gruppe PRO (S: $p < 0,0001$ A 1: $p = 0,0003$; A 2: $p < 0,0001$; A 3: $p < 0,0001$; A 4: $p = 0,0003$)

4.4.3 Tunica mucosa recti

4.4.3.1 Sauerstoffsättigung

Die Sauerstoffsättigung in der Rektalschleimhaut lag in der Gruppe DES bei 91 ± 2 % und in der Gruppe PRO bei 90 ± 1 %. In beiden Gruppen kam es nach der Sedierung zu einem signifikanten Abfall auf 81 ± 2 % (Gruppe DES: $p < 0,0001$) und 80 ± 2 % (Gruppe PRO: $p < 0,0001$). Zu den Messzeitpunkten B ($p = 0,47$) und S ($p = 0,82$) gab es keine signifikanten Unterschiede zwischen den Gruppen.

In der Gruppe DES stieg die Sauerstoffsättigung zu den A 1 bis 4 an. Es konnte kein Unterschied zwischen dem Baselinewert und den Messzeitpunkten A 1 bis 4 beobachtet werden (A 1: $p = 0,99$; A 2: $p = 0,62$; A 3: $p = 0,22$; A 4: $p = 0,55$).

In der Gruppe PRO stieg die Sauerstoffsättigung ebenfalls zu den Messzeitpunkten A 1 bis 4 wieder an und es konnte kein signifikanter Unterschied zu B beobachtet werden (A 1: $p = 0,74$; A 2: $p = 0,97$; A 3: $p = 0,07$; A 4: $p = 0,13$).

Die Sauerstoffsättigung in der Rektalschleimhaut unterschied sich zu keinem Zeitpunkt der Messung und war vergleichbar zwischen den beiden Gruppen (A 1: $p = 0,47$; A 2: $p = 0,47$; A 3: $p = 0,47$; A 4: $p = 0,39$).

In der 2-faktoriellen Varianzanalyse konnte ein signifikanter Einfluss des Faktors Zeit ($p < 0,001$) auf die Sauerstoffsättigung im Rektum gesehen werden. Hingegen konnten keine Gruppenunterschiede oder eine Interaktion zwischen den Faktoren Behandlung und Messzeitpunkt festgestellt werden.

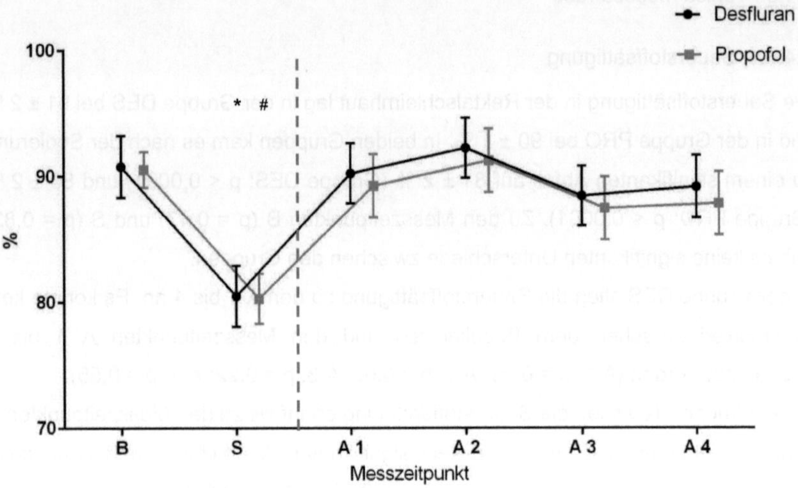

Abbildung 8: Mittlere Sauerstoffsättigung in der Rektalschleimhaut von 6 Pferden, die mit Propofol oder Desfluran in Verbindung mit einer Infusion von Dexmedetomidin in gleicher Anästhesietiefe anästhesiert wurde. Die Abstände der Messungen betrugen in beiden Gruppen zwischen der Baseline und Sedierungsmessung fünf Minuten und zwischen Sedierung und den Narkosemessungen in etwa 3 Stunden. Nach Bestimmung der MAC und MIR erfolgte im 20-minütigen Abstand die Perfusionsmessung während der Narkose. Die gestrichelte Linie markiert den Messungsbeginn in Allgemeinanästhesie.

* signifikant niedriger als Baselinewert in der Gruppe DES (p < 0,0001)

signifikant niedriger als Baselinewert in der Gruppe PRO (p < 0,0001)

4.4.3.2 Blutfluss

Zum Messzeitpunkt B betrug der Blutfluss in der Gruppe DES 463 ± 13 AU und in der Gruppe PRO 457 ± 18 AU. Zum S kam es zu einem signifikanten (p < 0,0001) Abfall in beiden Gruppen (Gruppe 270 ± 26 AU, Gruppe PRO 271 ± 27 AU). Zwischen den Gruppen war kein Unterschied zu beobachten (B: p = 0,47; S: p = 0,82).

In der Gruppe DES lag der Blutfluss zu den Messzeitpunkten A 1 bis 4 über den Werten des Messzeitpunktes S jedoch signifikant niedriger als zum Messzeitpunkt B (A 1: p = 0,0005; A 2: p = 0,004; A 3: p = 0,0002; A 4: p = 0,0001).

In der Gruppe PRO war der Blutfluss zu den Messzeitpunkten A 1 bis 4 höher als zum Messzeitpunkt S, jedoch signifikant niedriger als zum Messzeitpunkt B (A 1: p < 0,0001; A 2: p = 0,0007; A 3: p < 0,0001; A 4: p < 0,0001).

Es war kein Unterschied im Blutfluss zwischen den Gruppen feststellbar (A 1: p = 0,51; A 2: p = 0,51; A 3: p = 0,51; A 4: p = 0,82).

In der 2-faktoriellen Varianzanalyse konnte ein signifikanter Einfluss des Faktors Zeit (p < 0,001) auf den Blutfluss im Rektum gesehen werden. Hingegen konnten keine Gruppenunterschiede oder eine Interaktion zwischen den Faktoren Behandlung und Messzeitpunkt festgestellt werden.

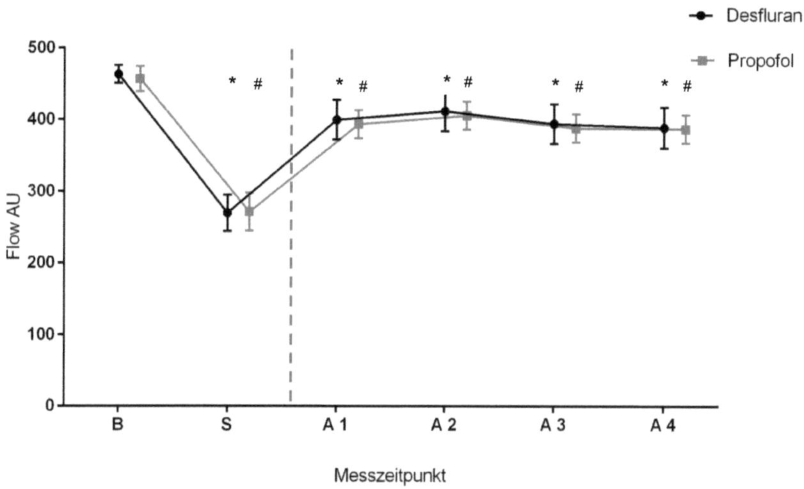

Abbildung 9: Mittlerer Blutfluss in der Rektalschleimhaut von 6 Pferden, die mit Propofol oder Desfluran in Verbindung mit einer Infusion von Dexmedetomidin in gleicher Anästhesietiefe anästhesiert wurde. Die Abstände der Messungen betrugen in beiden Gruppen zwischen der Baseline und Sedierungsmessung fünf Minuten und zwischen Sedierung und den Narkosemessungen in etwa 3 Stunden. Nach Bestimmung der MAC und MIR erfolgte im 20-minütigen Abstand die Perfusionsmessung während der Narkose. Die gestrichelte Linie markiert den Messungsbeginn in Allgemeinanästhesie.

* signifikant niedriger als Baselinewert in der Gruppe DES (S: p < 0,0001 A 1: p = 0,0005; A 2: p = 0,004; A 3: p = 0,0002; A 4: p = 0,0001)

[#] signifikant niedriger als Baselinewert in der Gruppe PRO (S: p < 0,0001; A 1: p < 0,0001; A 2: p = 0,0007; A 3: p < 0,0001; A 4: p < 0,0001)

5 Diskussion

5.1 Diskussion der Methodik

5.1.1 Versuchsablauf und –aufbau

Die vorliegende Studie fand in einem randomisierten Crossover Design statt. Die beiden Versuchsprotokolle wurden den sechs Probanden jeweils einmal randomisiert zugeteilt. Um sogenannte „Carry-over Effekte“ zu vermeiden, bestand eine „washout“ Periode von zwei Wochen. Dadurch kann ausgeschlossen werden, dass es zu einer Beeinflussung seitens der Medikamente des jeweiligen ersten Versuchs auf den zweiten Versuch kommt. Die gewählte Zeitspanne entspricht der Zeit, bei der die Medikamente vollständig ausgeschieden werden. Die Studienpopulation aus sechs Pferden wurde nach dem ethischen Grundsatz des Tierschutzes, der Reduzierung von Versuchstieren, und einer vorherigen Poweranalyse festgesetzt.

Der Ablauf des Versuchsvorhabens wurde so abgestimmt, dass man zunächst die Perfusionsmesswerte am unsedierten Pferd erhoben hat um Informationen über den Einfluss der Sedierung und der Narkose auf die periphere Perfusion und Oxygenierung zu bekommen. Um eine gute Vergleichbarkeit zu erhalten, wurden alle Probanden mit dem gleichen Protokoll sediert und in Vollnarkose verbracht.

Die Äquilibrierungszeit von einer Stunde wurde so festgelegt, um einen möglichen Einfluss der Medikamente, die zur Einleitung genutzt wurden auf die Bestimmung der MAC und MIR zu reduzieren. Sowohl Propofol (VILLALBA et al. 2014) als auch Ketamin (WATERMAN et al. 1987; MUIR u. SAMS 1992) besitzen einen Anästhetika-sparenden Effekt. Die Halbwertszeit von Ketamin beträgt nach intravenöser Bolus-Gabe von 2,2 mg/kg KGW 43 min (KAKA et al. 1979). Ketamin besitzt ab einer Plasmakonzentration über 1 µg/ml einen Anästhetika-sparenden Effekt (MUIR u. SAMS 1992). Nach Bolusapplikation von 2,2 mg/kg KGW Ketamin sinkt die Plasmakonzentration innerhalb 40 min unterhalb 1 µg/ml (KAKA et al. 1979). Demnach ist anzunehmen, dass die Bolusapplikation von 1 mg/kg KGW Ketamin zu keiner Beeinflussung der MAC und MIR geführt hat. Die Halbwertszeit von Propofol liegt bei Ponys nach einstündiger Infusion bei 69 min (NOLAN et al. 1996) und bei Pferden nach etwa dreistündiger Infusion bei 76 min (UMAR et al. 2015). Man kann davon ausgehen, dass nach einmaliger Bolusgabe von Propofol 2 mg/kg KGW, kaum noch Einfluss auf die MAC-Bestimmung nach einstündiger Äquilibrierung besteht, jedoch ist ein Ausschluss nicht ganz möglich.

Von einer Verblindung der Versuchsprotokolle wurde abgesehen, da der Fokus dieser Arbeit auf die Erhebung der globalen und peripheren Kreislaufparameter bestand, welche mit speziellen Messgeräten gemessen wurden und somit nicht subjektiv beeinflussbar sind. Lediglich die Bestimmung der MAC und MIR und die Beurteilung der Aufstehphase könnte subjektiv beeinflussbar sein. Jedoch fand die MAC- und MIR-Bestimmung nach genau definierten Vorgaben statt, die eine subjektive Beeinflussung weitestgehend ausschließen. Die Beurteilung der Aufstehqualität stand in dieser Studie nicht im Vordergrund, daher wurde keine Verblindung durchgeführt.

5.1.2 Dosierung der Medikamente

Bei Pferden liegt die MAC von Desfluran bei 7,6 % (TENDILLO et al. 1997). In bisherigen Studien konnte gezeigt werden, dass eine DTI von Dexmedetomidin einen enormen Anästhetika-sparenden Effekt besitzt (GOZALO-MARCILLA et al. 2013a). Um die Narkosezeit gering zu halten, wurde die anfängliche endexpiratorische Desfluran-Konzentration mit 5 % festgesetzt. Dem entsprechend wurde die anfängliche Infusionsrate von Propofol mit 0,08 mg/kg/min festgelegt. Die eigentliche MIR von Propofol liegt bei 0,18 mg/kg/min (MATTHEWS et al. 1999). Die Dosierungen der Dexmedetomidin Konzentration von 3,5 µg/kg als initialen Bolus und 7 µg/kg/Std als Dauertropfinfusion wurden anhand einer vorangegangen Studie, die die Sedierungseigenschaften von Xylazin und Dexmedetomidin verglichen haben, festgelegt (MÜLLER et al. 2012). In vergleichbaren Studien wurde jedoch auch bei geringeren Konzentrationen an Dexmedetomidin ein Anästhetika-sparender Effekt festgestellt (BETTSCHART-WOLFENSBERGER et al. 2005; GOZALO-MARCILLA et al. 2010; GOZALO-MARCILLA et al. 2013a).

5.1.3 Das O2C

Das O2C-Messverfahren welches unter 2.2.3 ausführlich beschrieben ist, besticht durch seine Kombination zweier Messtechniken, der Weißlicht-Spektrometrie und Laser-Doppler-Spektroskopie, und hebt sich somit von den anderen Messverfahren die unter 2.2.1 beschrieben sind deutlich ab. Zudem zeichnet es sich durch eine geringe Invasivität sowie einer Beurteilung in Echtzeit aus. Dabei können die Geschwindigkeit des Blutflusses (blood flow in AU) sowie die Sauerstoffsättigung (sO_2 in %) im Gewebe sofort evaluiert werden. Dies ist mit keinem der alternativ genannten Messverfahren möglich.

Zu den Limitationen dieser Messtechnik gehört, dass der Blutfluss nur in einer relativen Messeinheit – also in arbitrary units (AU) – gemessen werden kann. Somit ist eine quantitative Aussage über den Blutfluss nicht möglich. Jedoch werden durch vorherige Bestimmung der Baselinewerte Trends erkenntlich, die es ermöglichen den Einfluss der hier genutzten Medikamente und der Anästhesie an sich, zu beurteilen. Daher wurden zunächst für jeden Probanden die Baslinewerte ermittelt. Die in der Studie, aber auch in vorangegangenen Studien (HOPSTER et al. 2015b; DANCKER et al. 2016) erhobenen Werte und Trends waren trotz arbiträrer Einheit zwischen den Probanden vergleichbar, sodass man eine aussagekräftige Schlussfolgerung aus diesen treffen kann. Jedoch wird durch diese Limitation der klinische Einsatz maßgeblich eingeschränkt, so dass weitere Studien nötig sind.

Eine weitere Einschränkung bilden Bewegungsartefakte, die durch Kontraktion zum Beispiel des Darms oder auch Ösophagus zustanden kommen und insbesondere die Blutflussmessung betreffen. Der durch das Laserlicht und in den Gefäßen enthaltenden bewegenden Erythrozyten erzeugte Doppler-shift kann durch die Kontraktion negativ beeinflusst werden (REICHERT et al. 2014). Die Sauerstoffsättigung hingegen wird mittels Weißlichtspektrometrie gemessen und ist abhängig von der im Gewebe enthaltenden Farbbestandteile und ist somit nicht so anfällig für Bewegungsartefakte. Dennoch kann es zu einer Beeinflussung der Sauerstoffsättigung seitens von Operationslampen erzeugten Licht kommen (REICHERT et al. 2014). Da an allen drei Messlokalisationen durch die anatomischen Gegebenheiten kein Licht vorhanden ist, ist eine Beeinflussung durch Licht auszuschließen.

Zusätzlich sollte als weitere Limitation erwähnt werden, dass sich die Messlokalisation für die wiederholten Messungen unterscheiden könnten. Zwar wurden die Sonden bestmöglich immer auf dieselbe Lokalisation gelegt, jedoch kann eine hundertprozentige Genauigkeit nicht gegeben werden. Die Mikrozirkulation kann einer zeitlichen und örtlichen Heterogenität im Gewebe unterliegen und somit zu einer Beeinflussung der Messergebnisse führen.

5.1.4 MAC- und MIR-Bestimmung

Die MAC- und MIR-Bestimmung wurde im zwanzigminütigen Abstand mittels elektrischer Stimulation (Grass Stimulator S48, Grass Products,USA) durchgeführt. Diese ist anderen Methoden vorzuziehen, da sie reversibel ist und die Gewebe- und neurophysiologische Integrität aufrechterhält (LE BARS et al. 2001). Die Applizierung eines Wechselstroms mittels, auf rasierter Haut aufgetragene Elektroden lateral am Kronbein, erweist sich als eine besser geeignete Methode, als die Applizierung von Strom einer konstanten Spannung, da die Reaktionen deutlicher und reproduzierbarer sind (LEVIONNOIS et al. 2009). Der Abstand von 20 Minuten wurde so gewählt, um die Dosierung des jeweiligen Medikamentes einzustellen und eine ausreichende Äquilibrierung zu gewährleisten.

Die MAC und MIR dienen der Vergleichbarkeit der unterschiedlichen Anästhetika als Maß der gleichen Anästhesietiefe. Somit lassen sich die kardiorespiratorischen Einflüsse sowie der Effekt auf die periphere Perfusion von Desfluran und Propofol in equipotenter Dosierung beurteilen und können miteinander verglichen werden. Aus diesem Grund wurden die kardiorespiratorischen und Perfusionsparameter bei dem jeweiligen MAC bzw. MIR des jeweiligen Pferdes dokumentiert und ausgewertet.

5.1.5 Herzauswurfmessung

Die Methode zur Bestimmung des Herzauswurfs mittels Lithiumdilutionsverfahren wurde in dieser Studie angewandt, da es ein für den Probanden wenig invasives und für den Untersucher leicht durchführbares Verfahren ist. Jedoch geht aus der Literatur hervor, dass durch verschiedene Medikamente, besonders Alpha-2-Adrenorezeptor-Agonisten, der Herzauswurf, durch Einfluss auf die Sensorspannung, überschätzt bzw. unterschätzt wird (AMBRISKO et al. 2012; AMBRISKO et al. 2013; AMBRISKO u. MOENS 2014; HOPSTER et al. 2015a). HOPSTER et al. (2015a) kamen zu der Erkenntnis, dass durch vorherige Messung der Sensorspannung vor der Lithiuminjektion ein möglicher Einfluss von Medikamenten detektiert werden kann. Aus diesem Grund wurde vor jeder Herzauswurfmessung die Sensorspannung unter Einwirkung des Blutes gemessen und es konnten keine Veränderungen in Bezug auf die Sensorspannung festgestellt werden. Wir schließen daraus, dass es zu keinem oder nur geringem Einfluss seitens der Dauertropfinfusion von Dexmedetomidin, Propofol oder Desfluran auf die Herzauswurfmessung kam. Dies geht ebenfalls mit den Erkenntnissen aus der Studie von AMBRISKO et al. (2013) einher, welche annehmen, dass Dexmedetomidin in vivo keinen Einfluss auf die Herzauswurfmessung mittels Lithiumdilutionsverfahren nimmt.

5.2 Diskussion der Ergebnisse

5.2.1 Minimale alveoläre Konzentration und minimale Infusionsrate

Aufgrund des Studiendesigns handelt es sich bei der Studie nicht um klassische MAC- und MIR-Studien, da unterschiedliche Medikamente wie Propofol und Ketamin aus Sicherheitsgründen zur Einleitung der Anästhesie genutzt wurden. Daher bezieht sich der Begriff „MAC“ auf die endexpiratorische Desflurankonzentration und „MIR“ auf die Infusionsrate bei der sich die Probanden in unserer Studie bewegt haben.

In der hiesigen Studie konnte eine Reduktion der endexpiratorischen Desflurankonzentration von ursprünglich 5 Vol. % auf 2,6 ± 0,9 Vol. % mit Hilfe der Dauertropfinfusion von Dexmedetomidin erreicht werden. Vergleichbar wurde die anfänglich gewählte Infusionsrate von Propofol von 0,08 mg/kg/min auf 0,04 mg/kg/min durch die Balancierung mit Dexmedetomidin gesenkt. Dieser starke Anästhetika-sparende Effekt von Dexmedetomidin ist vergleichbar zu den Ergebnissen anderer Studien in denen Dexmedetomidin den Sevofluranbedarf um 53 % senkte (GOZALO-MARCILLA et al. 2014) sowie Medetomidin den Desfluranbedarf um 28 % (BETTSCHART-WOLFENSBERGER et al. 2001c) und den Propofolbedarf um 34 – 60 % (BETTSCHART-WOLFENSBERGER et al. 2001b) senkte. Jedoch konnte in dieser Studie quantitativ mehr Anästhetikum eingespart werden, was mit der höher gewählten Dexmedetomidin Dosierung erklärt werden kann. In einer an Ratten durchgeführten Studie konnte gezeigt werden, dass Dexmedetomidin seinen Anästhetika-sparenden Effekt über einen postsynaptischen Alpha-2-Adrenorezeptor vermittelt. Die Autoren stellten die Hypothese auf, dass Dexmedetomidin zentral die Diffusion von K^+-Ionen erhöht, welche mit einer Hyperpolarisation und einer Depression der neuronalen Erregbarkeit in Verbindung gebracht werden (SEGAL et al. 1988).

Durch den niedrigen Blut-Gas-Partialkoeffizienten von Desfluran kommt es zu einer schnellen Äquilibrierung zwischen Blut und Alveolen. Die Eliminierungshalbwertszeit bei Pferden für Desfluran wird mit 7,67 ± 7,58 min angegeben (VALENTE et al. 2015). Durch diese günstigen physikochemischen Eigenschaften kann schnell die

gewünschte niedrigere Konzentration erreicht werden. Demnach war der 20-minütige Abstand zwischen den elektrischen Stimulationen ausreichend.
Obwohl die MAC und MIR-Bestimmung und Definition vergleichbar sind, gibt es doch wichtige Unterschiede. So ist die Blutkonzentration eines Injektionsanästhetikums, welche die Bestimmung spezieller Messmethoden voraussetzt, abhängig von der totalen injizierten Dosis und den pharmakokinetischen Eigenschaften wie der Eliminierung und der Umverteilung. Demnach kann, anders als der MAC, die MIR zeitabhängig variabel sein. Propofol besitzt bei Ponys eine kontextsensitive Halbwertszeit von 5,8 min nach einstündiger Infusion (NOLAN et al. 1996). Daher scheint ein 20-minütiger Abstand zwischen den Stimulationen aufgrund des pharmakokinetischen Profils von Propofol ausreichend zu sein, um die gewünschte niedrigere Konzentration einzustellen (BETTSCHART-WOLFENSBERGER et al. 2001b; OKU et al. 2005).
Drei Pferde in jeweils beiden Gruppen reagierten nicht mit gerichteten Bewegungen auf den applizierten supramaximalen Reiz, sondern bewegten sich spontan ohne vorherigen Stimulus, was als Zeichen einer nicht ausreichenden Hypnose gewertet werden kann. Die minimalen Anforderungen an eine Allgemeinanästhesie sind Bewusstlosigkeit und Bewegungslosigkeit (Immobilität). Eine moderne chirurgische Anästhesie fordert Bewusstlosigkeit, Bewegungslosigkeit, Muskelrelaxation und Analgesie. Die Definition der MAC von QUASHA et al. (1980) die vereinfacht lautet, dass 50 % der Probanden nicht auf einen Schmerzreiz reagieren, bezieht sich vor allem auf die Bewegungslosigkeit nach einem schmerzhaften Stimulus, unabhängig vom zugrundeliegenden Mechanismus. Eine Reduktion des MAC- oder MIR-Wertes kann durch die hypnotische, muskelrelaxierende oder analgetische Wirkung eines Medikamentes erzielt werden. Dexmedetomidin wirkt hypnotisch und stark analgetisch und moduliert unter anderem die Schmerzempfindung auf der Ebene des Rückenmarks (FAIRBANKS et al. 2009) und erlaubt somit eine ausgeprägte Reduktion des Allgemeinanästhetikums, sodass die Pferde nicht mit einer gerichteten Bewegung auf den applizierten nozizeptiven Reiz reagieren, sondern aufwachen, wenn die hypnotische Wirkung des Anästhetikums in der niedrigeren Konzentration nicht ausreichend ist. Ähnliche Beobachtungen wurden auch in anderen Studien gemacht, in denen mehrere Probanden während der MAC- (GOZALO-MARCILLA et al. 2013a) oder MIR-Bestimmung (BETTSCHART-WOLFENSBERGER et al. 2001b) aufwachten.

Während der kontinuierlichen Reduktion des Anästhetikums konnten in beiden Gruppen erhöhte Lid- und Korneareflexe sowie vermehrter Tränenfluss und spontanes Blinzeln beobachten werden, obwohl die Probanden ausreichend tief anästhesiert waren. Ähnliche Beobachtungen wurden auch in anderen Studien gemacht, die davon berichten, dass die Evaluierung der Narkosetiefe anhand der am Auge erhobenen Parameter schwierig während der balancierten Anästhesie ist (MAMA et al. 1996; KALCHOFNER et al. 2006; RINGER et al. 2007).

In beiden Gruppen zeigten, wie schon erwähnt, drei Pferde durchgehend keine Antwort auf die elektrische Stimulation, sondern bewegten sich spontan. Diese Probanden erhielten einen Propofolbolus. Der zunächst verabreichte Bolus von 0,1 mg/kg KGW Propofol reichte nicht aus, sodass die Menge deutlich erhöht wurde bis die Tiere wieder ausreichend anästhesiert waren und die Bewegungen aufhörten. Bei zwei Pferden war die Höhe des Bolus annähernd äquivalent zur Induktionsdosis. Eine Erklärung für diese hohe Dosis an Propofol könnte die schnelle Umverteilung von Propofol sein (GEPTS et al. 1987), sodass bei zu niedriger Dosierung kein ausreichend hypnotisch wirkender Plasmaspiegel erreicht wird. Zudem zeigten die beiden genannten Probanden sehr starke spontane Bewegungen auf, die trotz sehr hohem Bolus bis zu 10 Minuten andauerten. Die nach der „Bracketing-Methode“ ermittelte MIR reichte dann aus, um die Probanden in einer ausreichenden Anästhesietiefe zu halten und die weiteren Messungen erfolgreich durchzuführen.

Nach Wissen des Autors konnte in bisherigen Studien keine so deutliche Reduktion des Anästhetikums, sowohl an Desfluran als auch an Propofol erreicht werden. Die Verwendung einer balancierten Anästhesie mithilfe von Medetomidin 3,5 µg/kg/Std führte zu einer Reduzierung des Desfluranbedarfs auf 5,3 % (BETTSCHART-WOLFENSBERGER et al. 2001c) und des Propofolbedarfs auf 0,6-1 mg/kg/Min (BETTSCHART-WOLFENSBERGER et al. 2001b). Es ist anzunehmen, dass die sehr niedrige Desflurankonzentration und Propofolkonzentration nicht mehr ausreichend waren, um einen hypnotischen Effekt zu bewirken. Bei Menschen tritt das Bewusstsein etwa bei 35 % des MAC-Wertes wieder ein (EGER 2001), was in etwa der Desflurankonzentration entspricht, die bei den Pferden in dieser Untersuchung erreicht wurde. Es scheint, dass durch die hoch sedativen und analgetischen Eigenschaften von Dexmedetomidin, man eine so starke Reduzierung des Anästhetikums erreicht, sodass lediglich die Konzentration des Anästhetikums benötigt wird, die noch eine hypnotische Wirkung besitzt.

5.2.2 Anästhesiequalität

5.2.2.1 Sedierung

In acht von zwölf Fällen reichte die festgesetzte Dosierung von Dexmedetomidin 3,5 µg/kg KGW nicht aus, um eine ausreichende und sichere Sedierungsqualität vor der Einleitung zu erhalten. Die Studie von MÜLLER et al. (2012) zeigt auf, dass die Sedierungsqualität von Dexmedetomidin 3,5 µg/kg KGW der von Xylazin 0,5 mg/kg KGW entspricht. Eine gängige Konzentration von Xylazin als Prämedikation zur Induktion, beträgt 1,1 mg/kg KGW (MATTHEWS et al. 1991). Demnach lässt sich die zusätzliche Gabe von Dexmedetomidin in der Gruppe DES 1,6 ± 1,7 µg/kg KGW und in der Gruppe PRO 1,2 ± 1 µg/kg KGW erklären. Auch in vorangegangenen Studien war die Verwendung von Dexmedetomidin in einer Dosierung von 3,5 µg/kg KGW nicht ausreichend, um eine tiefe Sedierung für die anschließende Induktion zu erzielen (GOZALO-MARCILLA et al. 2012; GOZALO-MARCILLA et al. 2013b). Jedoch kann auch die Zeitspanne zwischen Bolusapplikation und der Anästhesieinduktion verantwortlich gemacht werden. Diese betrug in etwa 20 bis 25 min, da zunächst die Mikrozirkulations- und Oxygenierungsmessungen durchgeführt wurden. Dexmedetomidin nach Bolusapplikation von 5 µg/kg KGW besitzt einen sedierenden Effekt mit der höchsten Intensität von 20 bis 30 min (REZENDE et al. 2015). Die hier vorhandene Zeitspanne könnte demnach auch Grund für die weiteren Boli sein.

5.2.2.2 Narkoseeinleitung

In beiden Gruppen fand die Induktion gleichermaßen mit Propofol 2 mg/kg KGW und Ketamin 1 mg/kg KGW statt. Zuvor wurden die Probanden mit Dexmedetomidin ausreichend tief sediert. Nach einem nicht zufrieden stellenden Vorversuch in Bezug auf die Induktion mit Propofol alleine, wurde aus Sicherheitsgründen entschieden, die Pferde mit 2 mg/kg KGW Propofol und 1 mg/kg KGW Ketamin in Allgemeinanästhesie zu legen. Für die alleinige Verwendung von Propofol zur Narkoseeinleitung wird bereits in anderen Studien eine nur mäßige Qualität beschrieben (MAMA et al. 1995; MUIR et al. 2009). Jedoch führte eine vorherige Sedierung mit Alpha-2-Agonisten zu einer deutlichen Verbesserung (AGUIAR et al. 1993; MAMA et al. 1996; MATTHEWS et al. 1999; BETTSCHART-WOLFENSBERGER et al. 2001b; OKU et al. 2005; OKU et al. 2006). Die

Kombination von Propofol und Ketamin erwies sich als eine gut geeignete Kombination, um Pferde in Allgemeinanästhesie zu verbringen (WAGNER et al. 2002). In der hiesigen Studie ergaben sich vergleichbare Induktionsscores der beiden Gruppen (Gruppe DES: 3; Gruppe PRO 4).

5.2.2.3 Aufstehphase

Hinsichtlich der Aufstehphase schienen die Pferde in der Gruppe DES geringgradig stärker ataktisch zu sein, was mit einer Dämpfung der propriozeptiven Funktion im Rückenmark durch volatile Anästhetika in subanästhetischen Dosen in Verbindung gebracht werden kann (BARTER et al. 2009). Nichtsdestotrotz war die Qualität der Aufstehphase nach etwa 4 stündiger Anästhesie vergleichbar mit denen von anderen Studien, in denen die Probanden in vergleichbarer Länge anästhesiert wurden (NOLAN u. HALL 1985; BETTSCHART-WOLFENSBERGER et al. 2001b; BETTSCHART-WOLFENSBERGER et al. 2001c; VALENTE et al. 2015). Sowohl Propofol mit einer sehr kurzen kontextsensitiven Halbwertszeit von 5,8 min (NOLAN et al. 1996) als auch Desfluran mit einer Eliminationshalbwertszeit von 7,67 min (VALENTE et al. 2015) besitzen sehr günstige Voraussetzungen für die positive Beeinflussung der Aufstehphase bei Pferden. Alpha-2-Adrenorezeptor-Agonisten selbst, führen ebenfalls zu einer Verbesserung der Aufstehphase bei Pferden (SANTOS et al. 2003). Eine Balancierung mit Dexmedetomidin wirkte sich positiv auf die Aufstehphase bei Isofluran-anästhesierten Pferden aus (GOZALO-MARCILLA et al. 2012). Unsere Probanden lagen lange in Seitenlage, gefolgt von einer meist kurzen sternalen Lage um dann kontrolliert aufzustehen. Durch die sedativen und zentral dämpfenden Effekte von Dexmedetomidin verbringen die Pferde längere Zeit in Seitenlage, ohne vorzeitige unkontrollierte Aufstehversuche und es bleibt ihnen mehr Zeit um das Anästhetikum zu eliminieren. Die Länge der Aufstehphase von 37,5 ± 10,8 min in der Gruppe DES und 38,7 ± 16,3 min in der Gruppe PRO entspricht in etwa der Zeit, in der Dexmedetomidin sedativ wirkt (REZENDE et al. 2015). Die Anbringung einer Aufstehhilfe an Kopf und Schweif hat sich ebenfalls positiv auf die Aufstehqualität ausgewirkt, jedoch war auffällig, dass nur geringe Assistenz nötig war bis die Pferde den sicheren Stand erreicht haben.

5.2.3 Zentrale kardiopulmonale Parameter

5.2.3.1 Kardiovaskuläres System

Die kardiovaskulären Parameter bei gleicher Anästhesietiefe als MAC und MIR waren in beiden Behandlungsgruppen sehr gut erhalten. Die mittlere Herzfrequenz lag in beiden Gruppen auffällig gleichförmig bei 29 Schlägen pro Minute. Zudem konnte bei einigen Probanden, die für Alpha-2-Adrenorezeptor-Agonisten typischen Effekte wie artrioventrikuläre Blöcke (AV Block) 2ten Grades gesehen werden. Eine Bradykardie sowie die erwähnten AV Blöcke sind typische Nebenwirkungen von Alpha-2-Adrenorezeptor-Agonisten (VICKERY et al. 1988; PYPENDOP u. VERSTEGEN 1998; DUKA et al. 2000). Obwohl für Dexmedetomidin keine bradykarde Wirkung nach Bolusapplikation bei Ponys beschrieben ist (BETTSCHART-WOLFENSBERGER et al. 2005), so ist diese von der erreichten Plasmakonzentration des Dexmedetomidins abhängig (DYCK et al. 1993). Die in dieser Studie höhere Dosis an Dexmedetomidin könnte eine Erklärung für die Bradykardie sein. Der Einfluss von Desfluran (SANTOS et al. 2005) und Propofol (OKU et al. 2006) auf die Herzfrequenz ist nur sehr gering, und da beide Gruppen eine vergleichbare Herzfrequenz aufweisen, ist davon auszugehen, dass die hier gesehene leichte Absenkung der Herzfrequenz durch den Einfluss von Dexmedetomidin versursacht wurde. Ähnliche Beobachtungen konnten auch in einer aktuellen Studie von RISBERG et al. (2016) gemacht werden, in der Dexmedetomidin für die während der Anästhesie gesehene Bradykardie bei Pferden verantwortlich gemacht wurde.

Hinsichtlich des mittleren arteriellen Blutdrucks, waren ebenfalls vergleichbare Ergebnisse zwischen den Gruppen zu beobachten (Gruppe DES 101 ± 10 mmHg vs. Gruppe PRO 105 ± 26 mmHg). Der MAP in Gruppe DES war deutlich besser erhalten im Vergleich zu anderen Studien in denen die Anästhesie nur mit Desfluran (STEFFEY et al. 2005) aufrechterhalten und die Probanden kontrolliert beatmet wurden. Desfluran senkt den peripheren Gefäßwiderstand durch seine potenten vasodilatativen Eigenschaften (STEFFEY et al. 2005), während Dexmedetomidin als Dauertropfinfusion über postsynaptische Alpha-2b-Adrenorezeptoren an den Gefäßen zu einer Vasokonstriktion (LINK et al. 1996; DUKA et al. 2000) führt. Es ist also davon auszugehen, dass der höhere Blutdruck nicht nur auf den Desfluran-sparenden Effekt, sondern auch auf eine Erhöhung des Gefäßtonus zurückzuführen ist. Der CI mit 74 ± 9 ml/kg/min und der SVR mit 210 ± 38 Dynes s cm^{-5} sind in der hiesigen Studie vergleichbar zu der Studie von STEFFEY et al. (2005). Hingegen ist das Schlagvolumen mit 1371 ± 139 ml/Herzschlag deutlich höher und die Herzfrequenz deutlich niedriger. Grund für das höhere Schlagvolumen könnte die deutlich geringere Konzentration an Desfluran sein, da für Desfluran eine dosisabhängige Dämpfung der myokardialen Kontraktilität und dadurch Senkung des Schlagvolumens und Herzauswurfs beschrieben ist (WEISKOPF et al. 1991; SANTOS et al. 2005). Dies könnte ebenfalls den hier sehr gut erhaltenen und vergleichbaren Herzminutenindex erklären, da durch das höhere Schlagvolumen die niedrigere Herzfrequenz kompensiert wird. In Bezug auf den Einfluss von Dexmedetomidin auf das Herzminutenvolumen gibt es unterschiedliche Ergebnisse. GOZALO-MARCILLA et al. (2012) berichteten von keinem Einfluss seitens Dexmedetomidin auf das Herzauswurfs, während eine aktuelle Studie aufzeigt, dass Dexmedetomidin den Herzauswurf deutlich absenkt (RISBERG et al. 2016). In der hiesigen Untersuchung konnte kein Herzauswurf senkender Effekt von Dexmedetomidin gesehen werden, da die gemessenen Werte denen von wachen Pferden gleichen. Für die TIVA mit Propofol alleine (OKU et al. 2006) als auch in Kombination mit Medetomidin (BETTSCHART-WOLFENSBERGER et al. 2003) sind deutlich niedrigere Werte für den CI und SV sowie vergleichbare Werte für MAP und HF beschrieben. Propofol selbst ist ein Vasodilatator (BENTLEY et al. 1989) und senkt den kardialen Index durch eine Minderung der Nachlast. Zudem besitzt Propofol potente hemmende Eigenschaften in Bezug auf die sympathische Nervenaktivität und senkt die Sensitivität von kardialen und muskulären sympathischen Baroreflexen (SELLGREN et al. 1994; HOKA et al. 1998). Ein Grund für den besser erhaltenen CI und SV ist die deutlich geringere Infusionsrate an Propofol in Verbindung mit Dexmedetomidin, da die beschriebenen Wirkungen von Propofol stark dosisabhängig sind (OKU et al. 2006). Der Einfluss von Dexmedetomidin auf den kardialen Index – wie oben beschrieben – bleibt jedoch abschließend nicht vollständig geklärt.

Der CI eines wachen Pferdes beträgt etwa 60-80 ml/kg/min (MUIR et al. 1976; TAYLOR et al. 1995; BETTSCHART-WOLFENSBERGER et al. 1999). In beiden Gruppen konnten vergleichbare Werte während der Anästhesie erhoben werden. Jedoch war ein statistisch signifikanter Unterschied zwischen beiden Gruppen vorhanden. Dieser ist jedoch wahrscheinlich ohne klinische Relevanz, da beide Werte denen von wachen Pferden ähneln.

Der statistisch signifikante Unterschied zwischen beiden Gruppen in Bezug auf den peripheren Gefäßwiderstand ist wahrscheinlich auf den höher vasodilatativen Effekt von Desfluran zurückzuführen (STEFFEY et al. 2005; OKU et al. 2006). Eine weitere Erklärung könnte der niedrigere kardiale Index in der Gruppe PRO sein, da dieser den errechneten systemischen Gefäßwiderstand mathematisch direkt beeinflusst.

5.2.3.2 Respirationssystem

In beiden Gruppen wurden die Probanden kontrolliert mittels IPPV beatmet und erhielten 100 % reinen Sauerstoff. Dies diente der Vergleichbarkeit zwischen den Gruppen und um eine Normokapnie zu garantieren.

Bei nicht beatmeten Pferden führt Propofol zu einer deutlichen dosisabhängigen Atemdepression, die durch starke Hypoventilation Hyperkapnie, Hypoxie und resultierender respiratorischen Azidose gekennzeichnet ist (NOLAN u. HALL 1985; MAMA et al. 1995; FLAHERTY et al. 1997; MAMA et al. 1998; UMAR et al. 2006). Zudem ist bei nicht beatmeten Propofol anästhesierten Pferden sowohl der alveoläre Totraum als auch die „intrapulmonare shunt Fraktion“ deutlich höher als bei Isofluran anästhesierten Pferden (DUKE-NOVAKOVSKI et al. 2015). Desfluran, wie auch alle anderen volatilen Anästhetika, wirkt ebenfalls dosisabhängig atemdepressiv (LOCKHART et al. 1991). Bei Propofol und Desfluran anästhesierten Pferden, welche kontrolliert beatmet wurden, konnten vergleichbare PaO2-Werte ermittelt werden (STEFFEY et al. 2005; UMAR et al. 2007).

Jedoch waren die Probanden der Gruppe PRO signifikant besser oxygeniert, hatten einen signifikant geringeren alveolären Totraum und eine signifikant geringere Alveoläre-arterielle Sauerstoffdifferenz. Eine geringere Hemmung der Hypoxie bedingten pulmonalen Vasokonstriktion – dem sog. Euler-Liljestrand-Mechanismus – durch Injektionsanästhetika und besonders durch Propofol im Vergleich zu Inhalationsanästhetika (ROBINSON 2009), könnte die verbesserte Oxygenierung und den geringeren alveolären Totraum in der Gruppe PRO erklären. Dieser Mechanismus führt zu einer Umverteilung des Blutflusses von minderventilierten zu hochventilierten Lungenarealen und wirkt somit dem Ventilations-Perfusions-Missverhältnis entgegen.

Eine Erhöhung des alveolären Totraums und der alveolären-arteriellen Sauerstoffdifferenz, wird allgemein bei Pferden dem Gewicht und der Lagerung der Pferde während der Anästhesie und der daraus resultierenden Ventilations-

Perfusionsimbalance sowie weiteren unbekannten Faktoren zugtragen (MANSEL u. CLUTTON 2008; ROBINSON 2009).
Alpha-2-Adrenorezeptor-Agonisten führen ebenfalls zu intrapulmonaler Vasokonstriktion und einer pulmonalen Umverteilung des Blutflusses (WAGNER et al. 1991). Da beide Gruppen gleichermaßen mit Dexmedetomidin infundiert wurden, könnte ein Einfluss zwar vorhanden sein, jedoch kann der hier gesehene Unterschied eher durch die beiden unterschiedlichen Anästhetika erklärt werden. In bisherigen Studien konnte gezeigt werden, dass Dexmedetomidin mit einer Infusionsrate von 1,75 µg/kg/Std bei Isofluran-anästhesierten Pferden zu einer Veränderung der arteriellen Blutgase im Sinne eines verringerten PaO_2 sowie zu einer Verringerung des arteriellen und zentral venösen Sauerstoffgehalts (CaO_2, CvO_2) und der Sauerstoffzufuhr (DO_2) zum Gewebe führt, jedoch werden diese Veränderungen eher einem zunehmenden Ventilations-Perfusions-Missverhältnis zugeschrieben, da sich die Werte zeitabhängig verändern (GOZALO-MARCILLA et al. 2010).

5.2.4 Periphere Parameter

5.2.4.1 Oxygenierung

Eine ausreichende Sauerstoffversorgung für das Gewebe ist maßgeblich entscheidend für die Vitalität des Gewebes. Eine adäquate Sauerstoffversorgung stellt ein Gleichgewicht zwischen Sauerstoffangebot und –bedarf dar (CYRIL u. GRUM 1993). Eine unzureichende Sauerstoffzufuhr zum peripheren Gewebe wird als ein möglicher Grund für eine erhöhte Mortalitätsrate während der Anästhesie diskutiert (HUBBELL u. MUIR 2015). Besonders bei Kolikpatienten kann eine adäquate arterielle Oxygenierung während der Anästhesie unzureichend sein (HOPSTER et al. 2011). Daher war ein Ziel der Studie den Einfluss von Dexmedetomidin als Sedierung als auch von Desfluran und Propofol in Kombination mit Dexmedetomidin auf die Oxygenierung zu untersuchen.
Die Bolus-Applikation von Dexmedetomidin führte in allen untersuchten Geweben zu einer etwa 10 %igen Senkung der Sauerstoffsättigung. Lediglich in der Gruppe DES konnte an der Maulschleimhaut kein signifikanter Unterschied beobachtet werden. Für die Senkung der Sauerstoffsättigung können verschiedene Gründe verantwortlich gemacht werden. Zum einen führt Dexmedetomidin zu einer Senkung

des Herzminutenvolumens und zum anderen zu einem initialen Anstieg des peripheren Gefäßwiderstandes (BETTSCHART-WOLFENSBERGER et al. 2005; RISBERG et al. 2016). Die Sauerstoffzufuhr (DO_2) ist direkt abhängig vom Herzminutenvolumen sowie dem Gehalt an in den Arterien befindlichen Sauerstoff (CaO_2) (NATHAN u. SINGER 1999). Demnach kann ein vermindertes Herzminutenvolumen zu einer unzureichenden Sauerstoffzufuhr führen. Das Gewebe reagiert auf eine verminderte Sauerstoffzufuhr mit einer Erhöhung der Sauerstoffextraktionsrate (MUIR u. WELLMAN 2003). Dieser Kompensationsmechanismus funktioniert jedoch lediglich bis zu einem gewissen Schwellenwert. Bei Unterschreitung dieses Schwellenwertes entsteht eine Abhängigkeit von der Sauerstoffzufuhr und eine weitere Kompensation ist nicht möglich. Das Gewebe wird hypoxisch und es kommt zu einem Shift zum anaeroben Stoffwechsel (CYRIL u. GRUM 1993; HOPSTER et al. 2016b). Zudem wird eine Erhöhung des systemischen Gefäßwiderstandes ebenfalls mit einer geringeren Blutversorgung in Verbindung gebracht, welcher ein maßgeblicher Faktor für die Versorgung des Gewebes mit Sauerstoff ist (MANOHAR et al. 1987a; GOETZ et al. 1989). Generell ist die intestinale Oxygenierung relativ resistent gegenüber Hypoxie im Vergleich zur Ischämie. Die Toleranz gegenüber einer Hypoxie ist maßgeblich abhängig von dem Blutfluss zum Gewebe (CYRIL u. GRUM 1993). Dies gleicht sich auch mit den hier gesehenen Ergebnissen des Blutflusses, welcher nach Dexmedetomidin-Gabe in allen Geweben deutlich sank. Demnach kann vermutlich der reduzierte Blutfluss für die Senkung der Oxygenierung verantwortlich gemacht werden.

Der Magendarmtrakt reagiert im Falle einer Hypoxie mit einer lokal mediierten Vasodilatation um den Blutfluss für das betreffende Gewebe zu erhöhen. Dieser lokale Regulationsmechanismus im Mikrogefäßsystem wird durch die metabolischen Anforderungen bestimmt, sodass im Falle einer Hypoxie Substanzen (Stickstoffmonoxid und Adenosin) sezerniert werden die Einfluss auf die Verteilung des Blutflusses und somit der Sauerstoffversorgung nehmen. Präkapilläre Gefäße sind deutlich sensibler gegenüber einer Hypoxie als Resistenzgefäße, sodass die Regulation des Blutflusses eine First-Line-Verteidigung ist (CAIN 1983). Diese Autoregulation könnte durch die Alpha-2b-Adrenorezeptor mediierte Vasokonstriktion (LINK et al. 1996; DUKA et al. 2000) in den Gefäßen durch Dexmedetomidin beeinflusst sein. Darüber hinaus könnte der herzminutenvolumensenkende Effekt,

welcher mit dem verminderten Blutfluss in Verbindung gebracht wird, eine Rolle spielen.
Dexmedetomidin führte in einer pharmakodynamischen Studie an Ponies (BETTSCHART-WOLFENSBERGER et al. 2005) in gleichen Dosierungen, wie sie hier genutzt wurde, zu keiner Veränderung des PaO_2, wie es für andere Alpha-2-Adrenorezeptor-Agonisten berichtet ist (YAMASHITA et al. 2000b). Dies verdeutlicht ebenfalls, dass die Senkung der Sauerstoffsättigung im Gewebe vermutlich durch das verminderte Herzminutenvolumen verursacht wurde.
In einer aktuellen Studie konnte gezeigt werden, dass Dexmedetomidin die Sauerstoffzufuhr signifikant senkt, jedoch wurden keine Veränderungen im Sauerstoffverbrauch detektiert (RISBERG et al. 2016). Dies verdeutlicht, dass obwohl es zu einer Senkung der Sauerstoffzufuhr kam, das Gewebe trotzdem genug Sauerstoff erhielt, um einen aeroben Stoffwechsel zu gewährleisten.

Während der Anästhesie war in beiden Gruppen eine ausreichende Oxygenierung des Gewebes vorhanden. Die erhobenen Werte waren vergleichbar und zum Teil auch höher als die vorher gemessenen Baselinewerte. Obwohl es im Vergleich zur Baseline zu einem leichten Abfall des Blutflusses während der Anästhesie kam, war dieser offenbar immer noch ausreichend, um das Gewebe adäquat mit Sauerstoff zu versorgen. Dies kann zum einen an den sehr gut erhaltenden kardiovaskulären Parametern, als auch an einem ausreichenden Gehalt an Sauerstoff liegen. In einer aktuellen noch nicht publizierten Studie konnte gezeigt werden, dass die Oxygenierung der *Tunica muscularis* des Darms erst unterhalb einer Sauerstoffsättigung des arteriellen Blutes von 80 % rapide gesunken ist (HOPSTER et al. 2016b). Die arterielle Sauerstoffsättigung lag bei unseren Probanden immer über 95 %, demnach ist davon auszugehen, dass diese in Verbindung mit den gut erhalten kardiovaskulären Parametern maßgeblich für eine ausreichende Versorgung des Gewebes mit Sauerstoff gesorgt hat.
Bei den erhobenen Sauerstoffsättigungswerten der einzelnen Gewebe konnte zum Teil ein enormer Unterschied festgestellt werden. Für die Rektalschleimhaut konnte der höchste Baselinewert gefolgt von der Ösophagusschleimhaut und der Maulschleimhaut erhoben werden. Die Werte zwischen den Gruppen unterschieden sich kaum (siehe 4.7). Ein Grund für die unterschiedlichen Sättigungswerte könnte die regional unterschiedliche metabolische Aktivität sein (CAIN 1983; GUTIERREZ et

al. 1988). Das Gewebe wird je nach metabolischer Rate unterschiedlich stark perfundiert, um das Gewebe ausreichend mit Sauerstoff zu versorgen (QIAN et al. 2014). Hinsichtlich des Blutflusses war dieser ebenfalls in der Rektalschleimhaut und der Ösophagusschleimhaut am höchsten, was mit dem höheren Sauerstoffgehalt in dem betreffenden Gewebe in Verbindung gebracht werden kann. Ein weiterer Grund für die unterschiedlichen Messergebnisse könnte jedoch auch die unterschiedlichen Messbedingungen sein, da für die verschiedenen Lokalisationen unterschiedliche Sonden genutzt wurden.

5.2.4.2 Blutfluss

Eine adäquate Perfusion ist ein maßgeblicher Faktor für die Vitalität und Sauerstoffversorgung des peripheren Gewebes. Die mikrovaskulären Effekte einzelner Anästhetika sind gewebespezifisch und dosisabhängig. Dabei ändern sie sowohl den mikrovaskulären Diameter durch Vasodilation oder –konstriktion und verändern die natürlich Stressantwort durch eine veränderte Ansprechbarkeit auf Adrenalin und Noradrenalin (LONGNECKER u. HARRIS 1980).

Nach der Bolus-Applikation von Dexmedetomidin senkte sich der Blutfluss in allen drei Geweben und in beiden Gruppen um 40 %. Eine dosisabhängige Senkung des Blutflusses durch Dexmedetomidin ist sowohl für Menschen (KAWAAI et al. 2013), als auch für Kaninchen (SAZUKA et al. 2012) beschrieben. Diese blutflusssenkende Wirkung ist ebenfalls für Detomidin bei Pferden (EDNER et al. 2002) untersucht worden. Der Blutfluss im Gewebe ist stark abhängig von der globalen kardiovaskulären Funktion. So konnte ein deutlicher Zusammenhang eines verminderten Blutflusses mit einem verminderten Herzminutenvolumen und gesenkten mittleren arteriellen Blutdruck in Verbindung gebracht werden (LEE et al. 1998a; EDNER et al. 2002; RAISIS 2005b; HOPSTER et al. 2015b). Obwohl die kardiovaskulären Nebenwirkungen von Dexmedetomidin im Vergleich zu anderen Alpha-2-Adrenorezeptor-Agonisten relativ gering und von kurzer Dauer sind (BETTSCHART-WOLFENSBERGER et al. 2005), so ist anzunehmen, dass durch den Herzminutenvolumen-senkenden Effekt und die initiale Erhöhung des systemischen Gefäßwiderstandes der Blutfluss maßgeblich gesenkt wird. Dexmedetomidin führt durch Aktivierung postsynaptischer Alpha-2b-Adrenorezeptoren (LINK et al. 1996) in den Gefäßen zu einer Vasokonstriktion und somit zu einer Erhöhung des Gefäßwiderstands, was einen verminderten Blutfluss nach sich zieht (EDNER et al. 2002). Die Vasokonstriktion wurde ebenfalls für den verminderten Blutfluss nach Dexmedetomidingabe bei Menschen (KAWAAI et al. 2013) und Kaninchen (SAZUKA et al. 2012) verantwortlich gemacht. Obwohl die Kapillaren im Mikrogefäßsystem des Gastrointestinaltraktes hauptsächlich über parakrine (Endothelin, Prostazyklin) und metabolische (pH, PaO_2, $PaCO_2$) Mediatoren reguliert werden, könnte durch den Einfluss von Dexmedetomidin auf größere mesenteriale Gefäße, welche unter Einfluss von humoralen (Katecholaminen, Angiotensin II, Vasopressin, Serotonin) und neuronalen (Sympathikus und Parasympathikus) Faktoren stehen, der Blutfluss gesenkt werden (MATHESON et al. 2000). Des Weiteren konnte in einer Untersuchung an Katzen gezeigt werden, dass der Blutfluss in der Maulhöhle durch alpha-adrenerge Fasern des Symphatikus gesteuert wird und sich der Blutfluss durch die vermittelte Vasokonstriktion sowohl von Alpha-1- als auch Alpha-2-Adrenorezeptoren vermindert (IZUMI et al. 1990).

Die periphere Perfusion an den drei verschiedenen Lokalisationen unterschied sich zu keinem Messzeitpunkt zwischen den Gruppen. Während der Anästhesie stieg der Blutfluss in allen Geweben wieder an, erreichte jedoch lediglich in der Maulschleimhaut in jeweils beiden Gruppen wieder Baselineniveau. Dennoch war der Blutfluss in allen Geweben und zu allen Messzeitpunkten während der Anästhesie gestiegen und es war nur eine Reduktion von maximal 10 % zu verzeichnen. Dieser gut erhaltene Blutfluss während der Anästhesie ist vermutlich auf die gut erhaltene kardiovaskuläre Funktion zurückzuführen. Sowohl das Herzminutenvolumen als auch der mittlere arterielle Blutdruck waren in beiden Gruppen sehr gut erhalten und glichen den Werten gesunder wacher Pferde (MUIR et al. 1976; STEFFEY et al. 1987). Beide Parameter können für die sehr gute periphere Perfusion verantwortlich gemacht werden. Eine aktuelle Studie bei Pferden konnte aufzeigen, dass die intestinale Perfusion bis zu einem kardialen Index von 40 ml/kg/min und einem Blutdruck über 51 mmHg autoreguliert zu sein scheint und dann plötzlich bei Unterschreitung eines minimalen Perfusionsdrucks einbricht (HOPSTER et al. 2016b). Diese Werte wurden in der vorliegenden Studie nie unterschritten.

Sowohl Propofol (BENTLEY et al. 1989) als auch Desfluran (STEFFEY et al. 2005) besitzen potente vasodilatative Eigenschaften. Ob diese Vasodilatation durch direkte

Gefäßwirkung oder durch eine Senkung des sympathischen Tonus verursacht wird, wird in der Literatur kontrovers diskutiert und bleibt offen (DE BLASI et al. 2008). Propofol wirkt besonders auf kleine Venulen – die sogenannten Kapazitätsgefäße – vasodilatativ und scheint dadurch zu einer besseren Perfusion vom Gewebe zu führen (HOKA et al. 1998; DE BLASI et al. 2008). Dennoch wirken genau diese vasodilativen Eigenschaften dem vasopressiven Effekt von Dexmedetomidin entgegen. Eine exzessive Vasodilatation kann jedoch auch zu einer kritischen Umverteilung des Blutes führen, was zu einer Beeinträchtigung der Perfusion führen kann. Demnach führt die Kombination der entgegengesetzten vaskulären Effekte zu einer gut erhaltenen peripheren Perfusion. Sowohl Studien aus der Humanmedizin als auch an Hunden belegen, dass Propofol (DE BLASI et al. 2008; KOWALCZYK et al. 2013) und Desfluran (HARTMAN et al. 1992; O'RIORDAN et al. 1997; FIJALKOWSKA u. KOWALCZYK 2010b) eine Blutfluss-steigernde Wirkung besitzen. Desfluran führt bei Hunden im Gegensatz zu Isofluran zu einer deutlichen besseren Perfusion der Periphere, obwohl die kardiovaskulären Effekte vergleichbar waren (HARTMAN et al. 1992). Der hier gering verminderte Blutfluss kann auch durch eine gedämpfte Autoregulation der Mikrozirkulation verursacht sein. Dabei kann es zu einer fehlerhaften Verteilung des Blutflusses kommen (HELLYER et al. 1991; SIGGAARD-ANDERSEN et al. 1995).

5.3 Fazit und Ausblick

Das relative hohe Mortalitätsrisiko in Verbindung mit postanästhetischen Komplikationen ist in der Literatur viel umschrieben und es wurden verschiedene Faktoren, wie zum Beispiel die dosisabhängigen kreislaufdepressiven Effekte der Anästhetika (STEFFEY u. HOWLAND 1978; STEFFEY u. HOWLAND 1980a), dafür verantwortlich gemacht.

Die gut erhaltenen globalen und peripheren Parameter während der balancierten Anästhesie mit Desfluran und Dexmedetomidin als auch während der total intravenösen Anästhesie mit Propofol und Dexmedetomidin lassen darauf schließen, dass einige dieser Komplikationen vermieden werden können. Sowohl die postanästhetische Myopathie als auch postanästhetische Koliken werden besonders mit einer schlechten Kreislauffunktion in Verbindung gebracht (JOHNSTON et al. 2002; NELSON et al. 2013). In beiden Gruppen war die Aufstehphase von exzellenter Qualität gekennzeichnet, was ebenfalls zu einer Reduzierung postanästhetischer Komplikationen führen kann. In beiden Gruppen waren die kardiovaskulären Parameter sehr gut erhalten. In vielen Anästhesieprotokollen ist aufgrund von den kardiovaskulären depressiven Eigenschaften von Inhalationsanästhetika und zusätzlicher kontrollierter Beatmung mit IPPV der Einsatz von Katecholaminen, insbesondere Dobutamin notwendig. Die Ergebnisse dieser Studie zeigen, dass ohne Einsatz von Katecholaminen und trotz kontrollierter Beatmung die kardiovaskulären Parameter sehr gut erhalten waren, was den Einsatz dieser beiden Anästhesieprotokolle für längere Anästhesien sehr interessant macht.

Die Anwendung von Dexmedetomidin zur Balancierung der Anästhesie erwies sich als sehr nützlich, da quantitativ die benötigte Anästhetika Menge deutlich reduziert werden konnte und somit der dosisabhängigen Kreislaufdepression entgegengewirkt wurde. Grund dafür sind die guten analgetischen und sedativen Eigenschaften von Dexmedetomidin. Es zeigte sich, dass die gegenteiligen vaskulären Effekte von Propofol und Desfluran und Dexmedetomidin einen positiven Effekt auf die Perfusion des Gewebes hatte. Dennoch wurde erkenntlich, dass sich Dexmedetomidin negativ auf die Oxygenierung und Perfusion des Gastrointestinaltraktes nach Bolusapplikation auswirkt.

Interessant könnte der Einsatz von Desfluran in Verbindung mit Dexmedetomidin für längere chirurgische Eingriffe sein, da die Anästhesietiefe präzise angeglichen werden kann. Trotz der hier sehr langen Anästhesie waren nach etwa 3 Stunden die globalen und peripheren Perfusionsparameter sehr gut erhalten. Das Anästhesierisiko steigt ab einer Dauer von 2 Stunden enorm an (JOHNSTON et al. 2002). Ein zukünftiger Einsatz dieses Protokolls könnte sich also positiv auf die Anästhesie und der Kreislaufsituation auswirken.

Im Gegensatz dazu ist der Einsatz von Propofol in den derzeit verfügbaren Präparationen mit gewissen Einschränkungen behaftet. Das applizierte Volumen ist sehr groß und durch die schnelle Umverteilung kann es zu einem unzureichenden Wirkspiegel kommen. Zudem bietet es keine Vorteile in Bezug auf den Einsatz zur Induktion gegenüber der Induktion mit Ketamin und einem Benzodiazepin. Nichtsdestotrotz wird der tiermedizinische Gebrauch von Ketamin aufgrund seines Abhängigkeitspotentials für Menschen stark diskutiert, sodass Propofol eine mögliche Alternative für die Anwendung zur Induktion bei Pferden bietet. Eine weitere Einschränkung von Propofol ist der stark atemdepressive Effekt. In dieser Studie wurden die Pferde kontrolliert beatmet, jedoch gibt es diverse Studien die von einer starken Atemdepression in spontan atmenden Pferden berichten, sodass der klinische Einsatz mit Einschränkungen behaftet ist, wenn keine kontrollierte Beatmung zur Verfügung steht.

Dexmedetomidin, Propofol als auch Desfluran sind nicht für das Pferd zugelassen, sodass eine Umwidmung erforderlich ist. Der Gebrauch dieser Medikamente muss daher begründet sein, was die klinische Anwendbarkeit einschränkt.

Abschließend ist zu sagen, dass beide Anästhesieprotokolle zu sehr guten globalen und peripheren Kreislaufparametern führten, was den Einsatz bei kreislaufinsuffizienten Patienten rechtfertigen würde.

6 Zusammenfassung

Stephan Neudeck

Vergleichende Untersuchung von Desfluran und Propofol in equipotenten Dosierungen in Kombination mit Dexmedetomidin hinsichtlich zentraler Kreislaufparameter und der peripheren Perfusion und Oxygenierung beim Pferd

Ziel der Studie war es, die globale und gastrointestinale Perfusion und Oxygenierung sowohl nach Sedierung mit Dexmedetomidin als auch während einer Allgemeinanästhesie mit Desfluran (Gruppe DES) oder Propofol (Gruppe PRO) an Pferden zu untersuchen.

An sechs klinikeigenen Pferden wurde die Mikroperfusion und Oxygenierung der Maul-, Ösophagus- und Rektumschleimhaut mittels Laser-Doppler-Durchflussmessung und Weißlichtspektroskopie vor und nach Sedierung mit Dexmedetomidin (3,5 µg/kg KGW) gemessen. Anschließend erfolgte die Narkoseeinleitung mit Propofol (2 mg/kg KGW) und Ketamin (1 mg/kg KGW). Die Anästhesie wurde entweder mit Desfluran oder Propofol in Kombination mit einer Dauertropfinfusion Dexmedetomidin (7 µg/kg/h KGW) aufrechterhalten. Nach Bestimmung der minimalen Infusionsrate (MIR) von Propofol und der minimalen alveolären Konzentration (MAC) von Desfluran wurden weitere Mikroperfusions- und Oxygenierungsmessungen an den entsprechenden Lokalisationen durchgeführt. Zusätzlich wurden Herzfrequenz, Atemfrequenz, mittlerer arterieller Blutdruck, Herzauswurf (Lithiumdilution) sowie arterielle Blutgase bestimmt. Die statistische Auswertung erfolgte mittels 2-faktoriellen Varianzanalyse, t-Test und Dunnetts-t-Test ($p<0,05$).

Die MAC für Desfluran und die MIR für Propofol betrugen 2,6 ± 0,9 % bzw. 0,04 ± 0,01 mg/kg/Std. Die Mikroperfusion sowie die Oxygenierung des Gastrointestinaltrakts sanken nach Dexmedetomidinapplikation signifikant ab. Während die Oxygenierung in Anästhesie annähernd auf Baselineniveau zurückkehrte, stieg die Mikroperfusion zwar an, blieb allerdings unterhalb der

Baseline. Es ergaben sich keine Unterschiede zwischen den Gruppen. Der kardiale Index war statistisch höher in der Gruppe DES (DES 74 ± 9 *vs.* PROP 70 ± 9 ml/min/kg) und der periphere Gefäßwiderstand (DES 210 ± 36 *vs.* PROP 229 ± 66 Dynes/s/cm^{-5}) niedriger. In der PROP-Gruppe war der PaO_2 signifikant höher sowie Totraum und $P_{A\text{-}a}O_2$ signifikant niedriger.

Dexmedetomidin verringert nach Bolusapplikation die Mikroperfusion und Oxygenierung des Gewebes. Während der Allgemeinanästhesie stiegen Perfusion und Oxygenierung jedoch wieder deutlich an. Die Propofolanästhesie führte in dieser Studie zu einem verbesserten Gasaustausch vermutlich durch eine bessere Perfusion der Lunge.

7 Summary

Stephan Neudeck

Comparison of desflurane and propofol at equipotent dosages in combination with a constant-rate infusion of dexmedetomidine on global and peripheral perfusion and oxygenation in horses

The aim of this study was to determine global and peripheral perfusion and oxygenation during balanced anaesthesia with either desflurane (group DES) or propofol (group PRO) combined with a constant-rate infusion of dexmedetomidine in horses.

Six warmblood horses were premedicated with dexmedetomidine 3.5 μg kg^{-1}. Anaesthesia was induced with propofol 2 mg kg^{-1} and ketamine 1 mg kg^{-1} and maintained with either desflurane or propofol in combination with dexmedetomidine (7 μg kg^{-1} h^{-1}). After determination minimal infusion rate (MIR) and minimal alveolar concentration (MAC) in group PRO and DES respectively, the oral, oesophageal and rectal mucous membranes microperfusion and oxygenation were measured before and after sedation with dexmedetomdine and during anaesthesia by laser-doppler-flowmetry and white-light-spectrophotometry. During anaesthesia heart rate, mean arterial blood pressure, respiratory rate, cardiac output (lithium dilution) and blood gases were recorded. Data were analysed using two-way-ANOVA, paired t-test and Dunnetts-t-test ($p<0.05$).

Minimal alveolar concentration and MIR were 2.6 ± 0.9 % and 0.04 ± 0.01 mg kg^{-1} h^{-1}, respectively. In both groups microperfusion and oxygenation of tissue (sO_2) decreased significantly after sedation. Oxygenation increased back to baseline values during anaesthesia, whereas tissue microperfusion remained also lower during anaesthesia. There were no differences in microperfusion and sO_2 between groups. During desflurane anaesthesia cardiac index was significantly better preserved (group DES: 74 ± 9 ml kg^{-1} min^{-1} vs. group PRO 70 ± 9 ml kg^{-1} min^{-1}) and systemic vascular resistance (group DES 210 ± 36 vs. Group PRO 229 ± 66 Dynes s cm^{-5}) was significantly lower. During propofol anaesthesia PaO_2 was significantly higher and dead space and $P_{A-a}O_2$ were significantly lower. However, there was no

difference between groups regarding heart rate, respiratory rate, mean arterial blood pressure and stroke volume.
Dexmedetomidine as a bolus deteriorates blood flow and sO_2 in peripheral tissue. During desflurane and propofol anaesthesia peripheral tissue is well oxygenated whereas blood flow is reduced. In our study propofol provides better lung perfusion and preserves better oxygenation.

8 Literaturverzeichnis

AANTAA, R. (1993):
Dexmedetomidine, a novel alpha 2-adrenergic agonist. A review of its pharmacodynamic characteristics.
Drugs Future 49-56

AANTAA, R., M. L. JAAKOLA, A. KALLIO u. J. KANTO (1997):
Reduction of the minimum alveolar concentration of isoflurane by dexmedetomidine.
Anesthesiology 86, 1055-1060

ADAM, H. K., L. P. BRIGGS, M. BAHAR, E. J. DOUGLAS u. J. W. DUNDEE (1983):
Pharmacokinetic Evaluation of Ici-35868 in Man - Single Induction Doses with Different Rates of Injection.
Brit J Anaesth 55, 97-103

ADAMS, S. B., C. H. LAMAR u. J. MASTY (1984):
Motility of the distal portion of the jejunum and pelvic flexure in ponies: effects of six drugs.
Am J Vet Res 45, 795-799

AGUIAR, A. J. A., C. A. HUSSNI, S. P. L. LUNA, G. B. CASTRO, F. MASSONE u. A. L. G. ALVES (1993):
Propofol compared with propofol/guaiphenesin after detomidine premedication for equine surgery.
Vet Anaesth Analg 20, 26-28

AHO, M., A. M. LEHTINEN, O. ERKOLA, A. KALLIO u. K. KORTTILA (1991):
The effect of intravenously administered dexmedetomidine on perioperative hemodynamics and isoflurane requirements in patients undergoing abdominal hysterectomy.
Anesthesiology 74, 997-1002

AIDA, H., Y. MIZUNO, S. HOBO, K. YOSHIDA u. T. FUJINAGA (1994):
Determination of the minimum alveolar concentration (MAC) and physical response to sevoflurane inhalation in horses.
J Vet Med Sci 56, 1161-1165

ALBUSZIES, G., P. RADERMACHER, J. VOGT, U. WACHTER, S. WEBER, M. SCHOAFF, M. GEORGIEFF u. E. BARTH (2005):
Effect of increased cardiac output on hepatic and intestinal microcirculatory blood flow, oxygenation, and metabolism in hyperdynamic murine septic shock.
Crit Care Med 33, 2332-2338

ALEXANDER, S. L. u. C. H. IRVINE (2000):
The effect of the alpha-2-adrenergic agonist, clonidine, on secretion patterns and rates of adrenocorticotropic hormone and its secretagogues in the horse.
J Neuroendocrinol 12, 874-880

AMBRISKO, T. D., P. COPPENS, R. KABES u. Y. MOENS (2012):
Lithium dilution, pulse power analysis, and continuous thermodilution cardiac output measurements compared with bolus thermodilution in anaesthetized ponies.
Brit J Anaesth 109, 864-869

AMBRISKO, T. D., R. KABES u. Y. MOENS (2013):
Influence of drugs on the response characteristics of the LiDCO sensor: an in vitro study.
Brit J Anaesth 110, 305-310

AMBRISKO, T. D. u. Y. MOENS (2014):
Voltage changes in the lithium dilution cardiac output sensor after exposure to blood from horses given xylazine.
Brit J Anaesth 112, 367-369

ANDREWS, J. J. u. R. V. JOHNSTON, JR. (1993):
The new Tec6 desflurane vaporizer.
Anesth Analg 76, 1338-1341

ANTOGNINI, J. F. u. K. SCHWARTZ (1993):
Exaggerated anesthetic requirements in the preferentially anesthetized brain.
Anesthesiology 79, 1244-1249

BARTER, L. S., L. O. MARK u. J. F. ANTOGNINI (2009):
Proprioceptive Function Is More Sensitive than Motor Function to Desflurane Anesthesia.
Anesth Analg 108, 867-872

BATEMAN, B. T. u. A. S. KESSELHEIM (2015):
Review: Propofol as a transformative drug in anesthesia: insights from key early investigators.
Drug Discov Today 20, 1012-1017

BECKERT, S., M. B. WITTE, A. KONIGSRAINER u. S. COERPER (2004):
The impact of the Micro-Lightguide O2C for the quantification of tissue ischemia in diabetic foot ulcers.
Diabetes Care 27, 2863-2867

BENTLEY, G. N., J. P. GENT u. C. S. GOODCHILD (1989):
Vascular effects of propofol: smooth muscle relaxation in isolated veins and arteries.
J Pharm Pharmacol 41, 797-798

BERGFELD, G. R. u. T. FORRESTER (1992):
Release of ATP from human erythrocytes in response to a brief period of hypoxia and hypercapnia.
Cardiovasc Res 26, 40-47

BETTSCHART-WOLFENSBERGER, R., I. M. BOWEN, S. L. FREEMAN, R. WELLER u. K. W. CLARKE (2003):
Medetomidine-ketamine anaesthesia induction followed by medetomidine-propofol in ponies: infusion rates and cardiopulmonary side effects.
Equine Vet J 35, 308-313

BETTSCHART-WOLFENSBERGER, R., M. I. BOWEN, S. L. FREEMAN, R. FELLER, R. W. BETTSCHART, A. NOLAN u. K. W. CLARKE (2001a):
Cardiopulmonary effects of prolonged anesthesia via propofol-medetomidine infusion in ponies.
Am J Vet Res 62, 1428-1435

BETTSCHART-WOLFENSBERGER, R., K. W. CLARKE, O. VAINIO, F. S. ALIABADI u. D. DEMUTH (1999):
Pharmacokinetics of medetomidine in ponies and elaboration of a medetomidine infusion regime which provides a constant level of sedation.
Res Vet Sci 67, 41-46

BETTSCHART-WOLFENSBERGER, R., S. L. FREEMAN, I. M. BOWEN, F. S. ALIABADI, R. WELLER, M. HUHTINEN u. K. W. CLARKE (2005):
Cardiopulmonary effects and pharmacokinetics of i.v. dexmedetomidine in ponies.
Equine Vet J 37, 60-64

BETTSCHART-WOLFENSBERGER, R., S. L. FREEMAN, N. JAGGIN-SCHMUCKER u. K. W. CLARKE (2001b):
Infusion of a combination of propofol and medetomidine for long-term anesthesia in ponies.
Am J Vet Res 62, 500-507

BETTSCHART-WOLFENSBERGER, R., N. JAGGIN-SCHMUCKER, C. LENDL, R. W. BETTSCHART u. K. W. CLARKE (2001c):
Minimal alveolar concentration of desflurane in combination with an infusion of medetomidine for the anaesthesia of ponies.
Vet Rec 148, 264-267

BETTSCHART-WOLFENSBERGER, R., P. M. TAYLOR, J. W. SEAR, M. R. BLOOMFIELD, K. RENTSCH u. S. DAWLING (1996):
Physiologic effects of anesthesia induced and maintained by intravenous administration of a climazolam-ketamine combination in ponies premedicated with acepromazine and xylazine.
Am J Vet Res 57, 1472-1477

BOERMA, E. C., K. R. MATHURA, P. H. VAN DER VOORT, P. E. SPRONK u. C. INCE (2005):
Quantifying bedside-derived imaging of microcirculatory abnormalities in septic patients: a prospective validation study.
Crit Care 9, 601-606

BOHLEN, H. G. (1995):
The microcirculation and the lymphatic system.
In: R. RHOADES und G. TANNER (Hrsg.), Medical Phsyiology
Aufl., Boston (Mass): Little, Brown and Company, Boston, USA, S. 262-275

BONNER, R. u. R. NOSSAL (1981):
Model for laser Doppler measurements of blood flow in tissue.
Appl Opt 20, 2097-2107

BOSCAN, P., E. P. STEFFEY, T. B. FARVER, K. R. MAMA, N. J. HUANG u. S. B. HARRIS (2006):
Comparison of high (5%) and low (1%) concentrations of micellar microemulsion propofol formulations with a standard (1%) lipid emulsion in horses.
Am J Vet Res 67, 1476-1483

BRANSON, K. R., G. J. BENSON, J. C. THURMON, W. A. OLSON, W. J. TRANQUILLI u. J. L. DORNER (1993):
The Hemodynamic, Tissue Oxygenation, and Selected Biochemical Effects of Isoflurane and Halothane Anesthesia in Horses.
J Equine Vet Sci 13, 396-409

BROSNAN, R., D. GONG, J. COTTEN, B. KESHAVAPRASAD, C. S. YOST, E. I. EGER, 2ND u. J. M. SONNER (2006):
Chirality in anesthesia II: stereoselective modulation of ion channel function by secondary alcohol enantiomers.
Anesth Analg 103, 86-91

BROSNAN, R. J. (2013):
Inhaled Anesthetics in Horses.
Vet Clin North Am Equine Pract 29, 69-87

BUCKBERG, G. D., J. C. LUCK, D. B. PAYNE, J. I. E. HOFFMAN, J. P. ARCHIE u. D. E. FIXLER (1971):
Some Sources of Error in Measuring Regional Blood Flow with Radioactive Microspheres.
J Appl Physiol 31, 598-604

BUELL, M. G. u. R. K. HARDING (1989):
Effects of peptide YY on intestinal blood flow distribution and motility in the dog.
Regul Pept 24, 195-208

BYLUND, D. B., D. C. EIKENBERG, J. P. HIEBLE, S. Z. LANGER, R. J. LEFKOWITZ, K. P. MINNEMAN, P. B. MOLINOFF, R. R. RUFFOLO, JR. u. U. TRENDELENBURG (1994):
International Union of Pharmacology nomenclature of adrenoceptors.
Pharmacol Rev 46, 121-136

CAIN, S. M. (1983):
Peripheral oxygen uptake and delivery in health and disease.
Clinical Chest Medicine 4, 139-148

CAMBIER, C., N. DI PASSIO, T. CLERBAUX, H. AMORY, V. MARVILLE, B. DETRY, A. FRANS u. P. GUSTIN (2005):
Blood-oxygen binding in healthy Standardbred horses.
Vet J 169, 251-256

CAMBIER, C., M. WIERINCKX, S. GRULKE, T. CLERBAUX, D. SERTEYN, B. DETRY, M. P. LIARDET, A. FRANS u. P. GUSTIN (2008):
The effect of colic on oxygen extraction in horses.
Vet J 175, 102-107

CLAEYS, M. A., E. GEPTS u. F. CAMU (1988):
Haemodynamic changes during anaesthesia induced and maintained with propofol.
Brit J Anaesth 60, 3-9

CLARK-PRICE, S. C., L. P. POSNER u. R. D. GLEED (2008):
Recovery of horses from general anesthesia in a darkened or illuminated recovery stall.
Vet Anaesth Analg 35, 473-479

CLARKE, K. u. L. HALL (1990):
A survey of anaesthesia in small animal practice: AVA/BSAVA report.
Vet Anaesth Analg 17, 4-10

CLARKE, K. W., H. I. ALIBHAI, Y. H. LEE u. R. A. HAMMOND (1996a):
Cardiopulmonary effects of desflurane in the dog during spontaneous and artificial ventilation.
Res Vet Sci 61, 82-86

CLARKE, K. W., G. C. W. ENGLAND u. L. GOOSSENS (1991):
Sedative and cardiovascular effects of romifidine, alone and in combination with butorphanol, in the horse.
Vet Anaesth Analg 25-29

CLARKE, K. W. u. L. W. HALL (1969):
"Xylazine"--a new sedative for horses and cattle.
Vet Rec 85, 512-517

CLARKE, K. W., D. Y. SONG, H. I. ALIBHAI u. Y. H. LEE (1996b):
Cardiopulmonary effects of desflurane in ponies, after induction of anaesthesia with xylazine and ketamine.
Vet Rec 139, 180-185

CLARKE, K. W., D. Y. SONG, Y. H. LEE u. H. I. K. ALIBHAI (1996c):
Desflurane anaesthesia in the horse: minimum alveolar concentration following induction of anaesthesia with xylazine and ketamine.
Vet Anaesth Analg 56-59

CLARKE, K. W. u. P. M. TAYLOR (1986):
Detomidine: a new sedative for horses.
Equine Vet J 18, 366-370

COCKSHOTT, I. D., L. P. BRIGGS, E. J. DOUGLAS u. M. WHITE (1987):
Pharmacokinetics of propofol in female patients. Studies using single bolus injections.
Brit J Anaesth 59, 1103-1110

COCKSHOTT, I. D., E. J. DOUGLAS, G. F. PLUMMER u. P. J. SIMONS (1992):
The pharmacokinetics of propofol in laboratory animals.
Xenobiotica 22, 369-375

COERPER, S., S. WOLF u. H. BECKER (2003a):
Evaluation des Mikrolichtleiters und Spektrophotometers (O2C) zur Erfassung und Quantifizierung der Ischamie im Rahmen der Heilung ischamischer Wunden.
Vasomed -Bonn- 15, 223-226

COERPER, S., S. C. WOLF u. H. D. BECKER (2003b):
Evaluation des Mikrolichtleiters und Spektrophotometers (O2C) zur Erfassung und Quantifizierung der Ischamie im Rahmen der Heilung ischamischer Wunden.
Vasomed -Bonn- 15, 223-226

COLIER, W. (1995):
Near infrared spectroscopy: toy or tool, An investigation on the clinical applicability of Near Infrared Spectroscopy.
Nijmegen, University of Nijmegen, Ph.D.

COPE, M. u. D. T. DELPY (1988):
System for long-term measurement of cerebral blood and tissue oxygenation on newborn infants by near infra-red transillumination.
Med Biol Eng Comput 26, 289-294

COSBY, K., K. S. PARTOVI, J. H. CRAWFORD, R. P. PATEL, C. D. REITER, S. MARTYR, B. K. YANG, M. A. WACLAWIW, G. ZALOS, X. XU, K. T. HUANG, H. SHIELDS, D. B. KIM-SHAPIRO, A. N. SCHECHTER, R. O. CANNON, 3RD u. M. T. GLADWIN (2003):
Nitrite reduction to nitric oxide by deoxyhemoglobin vasodilates the human circulation.
Nat Med 9, 1498-1505

COSGROVE, D. O., H. B. MEIRE, K. C. DEWBURY u. P. FARRANT (1993):
Abdominal and general ultrasound.
Churchill Livingstone, 1040

COTECCHIA, S., B. K. KOBILKA, K. W. DANIEL, R. D. NOLAN, E. Y. LAPETINA, M. G. CARON, R. J. LEFKOWITZ u. J. W. REGAN (1990):
Multiple second messenger pathways of alpha-adrenergic receptor subtypes expressed in eukaryotic cells.
J Biol Chem 265, 63-69

COURSIN, D. B., D. B. COURSIN u. G. A. MACCIOLI (2001):
Dexmedetomidine.
Curr Opin Crit Care 7, 221-226

CYRIL, C. C. u. M. D. GRUM (1993):
Tissue oxygenation in low flow states and during hypoxemia.
Critical Care Medicine 21, 44-49

DANCKER, C., K. HOPSTER, K. ROHN u. S. KÄSTNER (2016):
Einfluss verschiedener Katecholamine auf die Mikroperfusion und Oxygenierung des Gastrointestinaltraktes beim Pferd in Allgemeinanästhesie.
Hannover, Klinik für Pferde

DAUNT, D. A. u. E. P. STEFFEY (2002):
Alpha-2 adrenergic agonists as analgesics in horses.
Vet Clin North Am Equine Pract 18, 39-46

DE BACKER, D., J. CRETEUR, J. C. PREISER, M. J. DUBOIS u. J. L. VINCENT (2002):
Microvascular blood flow is altered in patients with sepsis.
Am J Respir Crit Care Med 166, 98-104

DE BLASI, R. A., S. PALMISANI, M. BOEZI, R. ARCIONI, S. COLLINI, F. TROISI u. G. PINTO (2008):
Effects of remifentanil-based general anaesthesia with propofol or sevoflurane on muscle microcirculation as assessed by near-infrared spectroscopy.
Brit J Anaesth 101, 171-177

DE CLIVE-LOWE, S. G., J. DESMOND u. J. NORTH (1958):
Intravenous lignocaine anaesthesia.
Anaesthesia 13, 138-146

DEN UIL, C. A., E. KLIJN, W. K. LAGRAND, J. J. BRUGTS, C. INCE, P. E. SPRONK u. M. L. SIMOONS (2008):
The microcirculation in health and critical disease.
Prog Cardiovasc Dis 51, 161-170

DIETRICH, H. H. u. K. TYML (1992):
Capillary as a Communicating Medium in the Microvasculature.
Microvasc Res 43, 87-99

DOHERTY, T. J. u. D. L. FRAZIER (1998):
Effect of intravenous lidocaine on halothane minimum alveolar concentration in ponies.
Equine Vet J 30, 300-303

DOI, M. u. K. IKEDA (1987):
Respiratory effects of sevoflurane.
Anesth Analg 66, 241-244

DONALDSON, L. L. (1988):
Retrospective assessment of dobutamine therapy for hypotension in anesthetized horses.
Vet Surg 17, 53-57

DONAWICK, W. J., C. F. RAMBERG, S. R. PAUL u. M. A. HIZA (1975):
The diagnostic and prognostic value of lactate determinations in horses with acute abdominal crisis.
J S Afr Vet Assoc 46, 127

DOORLEY, B. M., S. J. WATERS, R. C. TERRELL u. J. L. ROBINSON (1988):
Mac of I-653 in Beagle Dogs and New-Zealand White-Rabbits.
Anesthesiology 69, 89-91

DUKA, I., I. GAVRAS, C. JOHNS, D. E. HANDY u. H. GAVRAS (2000):
Role of the postsynaptic alpha(2)-adrenergic receptor subtypes in catecholamine-induced vasoconstriction.
Gen Pharmacol-Vasc S 34, 101-106

DUKE-NOVAKOVSKI, T., C. PALACIOS-JIMENEZ, T. WETZEL, L. RYMES u. A. F. SANCHEZ-TERAN (2015):
Cardiopulmonary effects of dexmedetomidine and ketamine infusions with either propofol infusion or isoflurane for anesthesia in horses.
Vet Anaesth Analg 42, 39-49

DYCK, J. B., M. MAZE, C. HAACK, L. VUORILEHTO u. S. L. SHAFER (1993):
The Pharmacokinetics and Hemodynamic-Effects of Intravenous and Intramuscular Dexmedetomidine Hydrochloride in Adult Human Volunteers.
Anesthesiology 78, 813-820

DZIKITI, T. B., L. J. HELLEBREKERS u. P. VAN DIJK (2003):
Effects of intravenous lidocaine on isoflurane concentration, physiological parameters, metabolic parameters and stress-related hormones in horses undergoing surgery.
J Vet Med A Physiol Pathol Clin Med 50, 190-195

EDNER, A., G. NYMAN u. B. ESSEN-GUSTAVSSON (2002):
The relationship of muscle perfusion and metabolism with cardiovascular variables before and after detomidine injection during propofol-ketamine anaesthesia in horses.
Vet Anaesth Analg 29, 182-199

EDNER, A., G. NYMAN u. B. ESSEN-GUSTAVSSON (2005):
The effects of spontaneous and mechanical ventilation on central cardiovascular function and peripheral perfusion during isoflurane anaesthesia in horses.
Vet Anaesth Analg 32, 136-146

EGER, E. I., 2ND (1987):
Partition coefficients of I-653 in human blood, saline, and olive oil.
Anesth Analg 66, 971-973

EGER, E. I., 2ND (1994):
New inhaled anesthetics.
Anesthesiology 80, 906-922

EGER, E. I., 2ND (2001):
Age, minimum alveolar anesthetic concentration, and minimum alveolar anesthetic concentration-awake.
Anesth Analg 93, 947-953

EGER, E. I., 2ND, B. H. JOHNSON, R. B. WEISKOPF, M. A. HOLMES, N. YASUDA, A. TARG u. I. J. RAMPIL (1988):
Minimum alveolar concentration of I-653 and isoflurane in pigs: definition of a supramaximal stimulus.
Anesth Analg 67, 1174-1176

EGER, E. I. u. B. H. JOHNSON (1987):
Mac of I-653 in Rats, Including a Test of the Effect of Body-Temperature and Anesthetic Duration.
Anesth Analg 66, 974-976

EGER, E. I., L. J. SAIDMAN u. BRANDSTA.B (1965):
Minimum Alveolar Anesthetic Concentration - a Standard of Anesthetic Potency.
Anesthesiology 26, 756-763

EGER, E. I., Y. L. XING, R. PEARCE, S. SHAFER, M. J. LASTER, Y. ZHANG, M. S. FANSELOW u. J. M. SONNER (2003):
Isoflurane antagonizes the capacity of flurothyl or 1,2-dichlorohexafluorocyclobutane to impair fear conditioning to context and tone.
Anesth Analg 96, 1010-1018

ELLIOTT, A. R., E. P. STEFFEY, K. A. JARVIS u. B. E. MARSHALL (1991):
Unilateral hypoxic pulmonary vasoconstriction in the dog, pony and miniature swine.
Respir Physiol 85, 355-369

EMMANUEL, A. V. u. M. A. KAMM (1999):
Laser Doppler measurement of rectal mucosal blood flow.
Gut 45, 64-69

ENGELHARD, K., WERNER, C. (2009):
Narkose - Inhalations- und Injektionsanästhetika.
In: K. AKTORIES, FÖRSTERMANN U., HOFMANN F., STARKE K. (Hrsg.), Allgemeine und spezielle Pharmakologie und Toxikologie
10. Aufl., ELSEVIER Urban & Fischer, München, S. 268-269

ENGLAND, G. C. u. K. W. CLARKE (1996a):
Alpha 2 adrenoceptor agonists in the horse--a review.
Brit Vet J 152, 641-657

ENGLAND, G. C., K. W. CLARKE u. L. GOOSSENS (1992):
A comparison of the sedative effects of three alpha 2-adrenoceptor agonists (romifidine, detomidine and xylazine) in the horse.
J Vet Pharmacol Ther 15, 194-201

ENGLAND, G. C. W. u. K. W. CLARKE (1996b):
Alpha2 adrenoreceptor agonists in the horse. A review.
Brit Vet J 641

EVANS, D. H. (1989):
Doppler ultrasound: Physics, instrumentation, and clinical applications.
John Wiley & Sons, 297

FAIRBANKS, C. A., L. S. STONE u. G. L. WILCOX (2009):
Pharmacological profiles of alpha 2 adrenergic receptor agonists identified using genetically altered mice and isobolographic analysis.
Pharmacol Ther 123, 224-238

FENGER, C. K., K. H. MCKEEVER, K. W. HINCHCLIFF u. C. W. KOHN (2000):
Determinants of oxygen delivery and hemoglobin saturation during incremental exercise in horses.
Am J Vet Res 61, 1325-1332

FERTMANN, J., H. ARBOGAST, E. SAJZEWA, A. TARABICHI, W. ILLNER, W. LAND u. J. HOFFMANN (2004):
Measurement of regional perfusion and oxygen saturation during human simultaneous pancreas-kidney transplantation-correlation with intravital microscopy.
Kidney 150, 200

FIJALKOWSKA, A. u. M. KOWALCZYK (2010a):
Peripheral blood perfusion during desflurane anaesthesia.
Anestezjol Intens Ter 42, 11-14

FIJALKOWSKA, A. u. M. KOWALCZYK (2010b):
Peripheral blood perfusion during desflurane anaesthesia.
Anesthjol Intens Ter 42, 11-14

FINK, M. P., K. L. KAUPS, H. L. WANG u. H. R. ROTHSCHILD (1991):
Maintenance of superior mesenteric arterial perfusion prevents increased intestinal mucosal permeability in endotoxic pigs.
Surgery 110, 154-160

FLAHERTY, D., J. REID, E. WELSH, A. M. MONTEIRO, P. LERCHE u. A. NOLAN (1997):
A pharmacodynamic study of propofol or propofol and ketamine infusions in ponies undergoing surgery.
Res Vet Sci 62, 179-184

FORST, T., C. HOHBERG, E. TARAKCI, S. FORST, P. KANN u. A. PFUTZNER (2008):
Reliability of lightguide spectrophotometry (O2C) for the investigation of skin tissue microvascular blood flow and tissue oxygen supply in diabetic and nondiabetic subjects.
J Diabetes Sci Technol 2, 1151-1156

FOURCADE, H. E., W. C. STEVENS, C. P. LARSON, JR., T. H. CROMWELL, S. H. BAHLMAN, R. F. HICKEY, M. J. HALSEY u. E. I. EGER, 2ND (1971):
The ventilatory effects of Forane, a new inhaled anesthetic.
Anesthesiology 35, 26-31

FREEMAN, S. L. u. G. C. ENGLAND (2001):
Effect of romifidine on gastrointestinal motility, assessed by transrectal ultrasonography.
Equine Vet J 33, 570-576

FRIAS, A. F., F. MARSICO, I. A. GOMEZ DE SEGURA, P. R. NASCIMENTO, A. NASCIMENTO, J. H. SOARES u. N. R. ALMOSNY (2003):
Evaluation of different doses of propofol in xylazine pre-medicated horses.
Vet Anaesth Analg 30, 193-201

GANDJBAKHCHE, A. H., R. F. BONNER, A. E. ARAI u. R. S. BALABAN (1999):
Visible-light photon migration through myocardium in vivo.
Am J Physiol 277, 698-704

GARNER, H. E., J. F. AMEND u. J. P. ROSBOROUGH (1971):
Effects on Bay Va 1470 on cardiovascular parameters in ponies.
Vet Med Small Anim Clin 66, 1016-1017

GASTHUYS, F., P. TERPSTRA, C. VANDENHENDE u. A. DEMOOR (1987):
Hyperglycemia and Diuresis during Sedation with Detomidine in the Horse.
J Vet Med A 34, 641-648

GASTHUYS, F., C. VANDENHENDE u. A. DEMOOR (1986):
Study of Some Ionary Parameters in Horse Serum and Urine during Halothane Anesthesia with Xylazine Premedication.
J Vet Med A 33, 791-800

GELMAN, S. u. P. S. MUSHLIN (2004):
Catecholamine-induced changes in the splanchnic circulation affecting systemic hemodynamics.
Anesthesiology 100, 434-439

GEPTS, E., F. CAMU, I. D. COCKSHOTT u. E. J. DOUGLAS (1987):
Disposition of propofol administered as constant rate intravenous infusions in humans.
Anesth Analg 66, 1256-1263

GHAZANFARI, M., L. VOGT, W. BANZER u. U. RHODIUS (2002):
Reproducibility of non-invasive blood flow measurements using loser Doppler spectroscopy.
Phys Med Rehab Kuror 12, 330-336

GIGLIO, M. T., M. MARUCCI, M. TESTINI u. N. BRIENZA (2009):
Goal-directed haemodynamic therapy and gastrointestinal complications in major surgery: a meta-analysis of randomized controlled trials.
Brit J Anaesth 103, 637-646

GLEN, J. B., G. E. DAVIES, D. S. THOMSON, S. C. SCARTH u. A. V. THOMPSON (1979):
An animal model for the investigation of adverse responses to i.v. anesthetic agents and their solvents.
Brit J Anaesth 51, 819-827

GLEN, J. B. u. S. C. HUNTER (1984):
Pharmacology of an emulsion formulation of ICI 35 868.
Brit J Anaesth 56, 617-626

GOEDHART, P. T., M. KHALILZADA, R. BEZEMER, J. MERZA u. C. INCE (2007):
Sidestream Dark Field (SDF) imaging: a novel stroboscopic LED ring-based imaging modality for clinical assessment of the microcirculation.
Opt Express 15, 15101-15114

GOETZ, T. E., M. MANOHAR, D. NGANWA u. R. GUSTAFSON (1989):
A study of the effect of isoflurane anaesthesia on equine skeletal muscle perfusion.
Equine Vet J Suppl 133-137

GONZALEZ-ALONSO, J., D. B. OLSEN u. B. SALTIN (2002):
Erythrocyte and the regulation of human skeletal muscle blood flow and oxygen delivery: role of circulating ATP.
Circ Res 91, 1046-1055

GOODCHILD, C. S. u. J. M. SERRAO (1989):
Cardiovascular effects of propofol in the anaesthetized dog.
Brit J Anaesth 63, 87-92

GOZALO-MARCILLA, M., K. HOPSTER, F. GASTHUYS, L. HATZ, A. E. KRAJEWSKI u. S. SCHAUVLIEGE (2013a):
Effects of a constant-rate infusion of dexmedetomidine on the minimal alveolar concentration of sevoflurane in ponies.
Equine Vet J 45, 204-208

GOZALO-MARCILLA, M., K. HOPSTER, F. GASTHUYS, A. E. KRAJEWSKI, A. SCHWARZ u. S. SCHAUVLIEGE (2014):
Minimum end-tidal sevoflurane concentration necessary to prevent movement during a constant rate infusion of morphine, or morphine plus dexmedetomidine in ponies.
Vet Anaesth Analg 41, 212-219

GOZALO-MARCILLA, M., S. SCHAUVLIEGE, L. DUCHATEAU u. F. GASTHUYS (2010):
Cardiopulmonary effects of two constant rate infusions of dexmedetomidine in isoflurane anaesthetized ponies.
Vet Anaesth Analg 37, 311-321

GOZALO-MARCILLA, M., S. SCHAUVLIEGE, S. SEGAERT, L. DUCHATEAU u. F. GASTHUYS (2012):
Influence of a constant rate infusion of dexmedetomidine on cardiopulmonary function and recovery quality in isoflurane anaesthetized horses.
Vet Anaesth Analg 39, 49-58

GOZALO-MARCILLA, M., B. STEBLAJ, S. SCHAUVLIEGE, L. DUCHATEAU u. F. GASTHUYS (2013b):
Comparison of the influence of two different constant-rate infusions (dexmedetomidine versus morphine) on anaesthetic requirements, cardiopulmonary function and recovery quality in isoflurane anaesthetized horses.
Res Vet Sci 95, 1186-1194

GRANDY, J. L., E. P. STEFFEY, D. S. HODGSON u. M. J. WOLINER (1987):
Arterial hypotension and the development of postanesthetic myopathy in halothane-anesthetized horses.
Am J Vet Res 48, 192-197

GRONER, W., J. W. WINKELMAN, A. G. HARRIS, C. INCE, G. J. BOUMA, K. MESSMER u. R. G. NADEAU (1999):
Orthogonal polarization spectral imaging: a new method for study of the microcirculation.
Nat Med 5, 1209-1212

GROSENBAUGH, D. A. u. W. W. MUIR (1998):
Cardiorespiratory effects of sevoflurane, isoflurane, and halothane anesthesia in horses.
Am J Vet Res 59, 101-106

GUIMARAES, S. u. D. MOURA (2001):
Vascular adrenoceptors: an update.
Pharmacol Rev 53, 319-356

GUTIERREZ, G., R. J.-. POHIL u. R. STRONG (1988):
Effect of flow on O2 consumption during progressive hypoxemia.
Journal of Applied Physiology 65, 601-607

HAINSWORTH, R. (1986):
Vascular capacitance: its control and importance.
Rev Physiol Biochem Pharmacol 105, 101-173

HALL, K. E., L. L. POWELL, G. J. BEILMAN, K. R. SHAFER, V. K. SKALA u. E. A. OLMSTEAD (2008):
Measurement of tissue oxygen saturation levels using portable near-infrared spectroscopy in clinically healthy dogs.
J Vet Emerg Crit Car 18, 594

HAMPSON, N. B. u. C. A. PIANTADOSI (1988):
Near infrared monitoring of human skeletal muscle oxygenation during forearm ischemia.
J Appl Physiol (1985) 64, 2449-2457

HARRIS, A. G., I. SINITSINA u. K. MESSMER (2002):
Validation of OPS imaging for microvascular measurements during isovolumic hemodilution and low hematocrits.
Am J Physiol Heart Circ Physiol 282, 1502-1509

HARTMAN, J. C., P. S. PAGEL, L. T. PROCTOR, J. P. KAMPINE, W. T. SCHMELING u. D. C. WARLTIER (1992):
Influence of desflurane, isoflurane and halothane on regional tissue perfusion in dogs.
Can J Anaesth 39, 877-887

HELLYER, P. W., J. R. DODAM u. G. S. LIGHT (1991):
Dynamic baroreflex sensitivity in anesthetized horses, maintained at 1.25 to 1.3 minimal alveolar concentration of halothane.
Am J Vet Res 52, 1672-1675

HEURTEAUX, C., N. GUY, C. LAIGLE, N. BLONDEAU, F. DUPRAT, M. MAZZUCA, L. LANG-LAZDUNSKI, C. WIDMANN, M. ZANZOURI, G. ROMEY u. M. LAZDUNSKI (2004):
TREK-1, a K+ channel involved in neuroprotection and general anesthesia.
EMBO J 23, 2684-2695

HEYMANN, M. A., B. D. PAYNE, J. I. HOFFMAN u. A. M. RUDOLPH (1977):
Blood flow measurements with radionuclide-labeled particles.
Prog Cardiovasc Dis 20, 55-79

HINCKLEY, K. A., S. FEARN, B. R. HOWARD u. I. W. HENDERSON (1995):
Near infrared spectroscopy of pedal haemodynamics and oxygenation in normal and laminitic horses.
Equine Vet J 27, 465-470

HOKA, S., K. YAMAURA, T. TAKENAKA u. S. TAKAHASHI (1998):
Propofol-induced increase in vascular capacitance is due to inhibition of sympathetic vasoconstrictive activity.
Anesthesiology 89, 1495-1500

HOPSTER, K., T. D. AMBRISKO, J. STAHL, J. P. SCHRAMEL u. S. B. KÄSTNER (2015a):
Influence of xylazine on the function of the LiDCO sensor in isoflurane anaesthetized horses.
Vet Anaesth Analg 42, 142-149

HOPSTER, K., C. HOPSTER-IVERSEN, F. GEBUREK, K. ROHN u. S. B. KÄSTNER (2015b):
Temporal and concentration effects of isoflurane anaesthesia on intestinal tissue oxygenation and perfusion in horses.
Vet J 205, 62-68

HOPSTER, K., S. B. KÄSTNER, K. ROHN u. B. OHNESORGE (2011):
Intermittent positive pressure ventilation with constant positive end-expiratory pressure and alveolar recruitment maoeuvre during inhalation anaesthesia in horses undergoing surgery for colic, and its influrence on the early recovery period.
Vet Anaesth Analg 38, 169-177

HOPSTER, K., C. MULLER, C. HOPSTER-IVERSEN, J. STAHL, K. ROHN u. S. B. KÄSTNER (2014):
Effects of dexmedetomidine and xylazine on cardiovascular function during total intravenous anaesthesia with midazolam and ketamine and recovery quality and duration in horses.
Vet Anaesth Analg 41, 25-35

HOPSTER, K., S. NEUDECK, L. WITTENBERG-VOGES u. S. B. KÄSTNER (2016a):
The relationship between intestinal and oral mucosa microcirculation in anaesthtized horses
unpublizierte Daten.

HOPSTER, K., L. WITTENBERG-VOGES, F. GEBUREK, C. HOPSTER-IVERSEN u. S. KÄSTNER (2016b):
Effects of hypoxemia or hypovolemia on gastrointestinal tissue oxygenation and perfusion in anaesthetized horses.
unpublished work

HUBBELL, J. A. u. W. W. MUIR (2015):
Oxygenation, oxygen delivery and anaesthesia in the horse.
Equine Vet J 47, 25-35

INCE, C. (2005):
The microcirculation is the motor of sepsis.
Crit Care 9, S13-S19

IZUMI, H., S. KURIWADA, K. KARITA, T. SASANO u. D. SANJO (1990):
The nervous control of gingival blood flow in cats.
Micrvasc Res. 39, 94-104

JOHNSTON, G. M., J. K. EASTMENT, J. L. N. WOOD u. P. M. TAYLOR (2002):
The confidential enquiry into perioperative equine fatalities (CEPEF): mortality results of Phases 1 and 2.
Vet Anaesth Analg 29, 159-170

JONES, N. Y., K. W. CLARKE u. P. D. CLEGG (1995):
Desflurane in equine anaesthesia: A preliminary trial.
Vet Rec 137, 618-620

KAIVOSAARI, S., P. TOIVONEN, O. AITIO, J. SIPILA, M. KOSKINEN, J. S. SALONEN u. M. FINEL (2008):
Regio- and stereospecific N-glucuronidation of medetomidine: the differences between UDP glucuronosyltransferase (UGT) 1A4 and UGT2B10 account for the complex kinetics of human liver microsomes.
Drug Metab Dispos 36, 1529-1537

KAKA, J. S., P. A. KLAVANO u. W. L. HAYTON (1979):
Pharmacokinetics of ketamine in the horse.
Am J Vet Res 40, 978-981

KALCHOFNER, K. S., S. K. RINGER, J. BOLLER, S. B. R. KÄSTNER, C. LISCHER u. R. BETTSCHART-WOLFENSBERGER (2006):
Clinical assessment of anaesthesia with isoflurane and medetomidine in 300 equidae.
Pferdeheilkunde 22, 301-308

KALLIO, A., M. SCHEININ, M. KOULU, R. PONKILAINEN, H. RUSKOAHO, O. VIINAMAKI u. H. SCHEININ (1989):
Effects of dexmedetomidine, a selective alpha 2-adrenoceptor agonist, on hemodynamic control mechanisms.
Clin Pharmacol Ther 46, 33-42

KAWAAI, H., K. YOSHIDA, E. TANAKA, K. TOGAMI, H. TADA, S. GANZBERG u. S. YAMAZAKI (2013):
Dexmedetomidine decreases the oral mucosal blood flow.
Brit J Oral Max Surg 51, 928-931

KAWADA, T., T. AKIYAMA, S. SHIMIZU, A. KAMIYA, K. UEMURA, Y. SATA, M. SHIRAI u. M. SUGIMACHI (2012):
Central vagal activation by alpha(2) -adrenergic stimulation is impaired in spontaneously hypertensive rats.
Acta Physiol (Oxf) 206, 72-79

KAY, B. u. G. ROLLY (1977):
ICI 35868, a new intravenous induction agent.
Acta anaesthesiologica belgica 28, 303-316

KAY, N. H., J. W. SEAR, J. UPPINGTON, I. D. COCKSHOTT u. E. J. DOUGLAS (1986):
Disposition of Propofol in Patients Undergoing Surgery - a Comparison in Men and Women.
Brit J Anaesth 58, 1075-1079

KHAN, Z. P., C. N. FERGUSON u. R. M. JONES (1999):
alpha-2 and imidazoline receptor agonists. Their pharmacology and therapeutic role.
Anaesthesia 54, 146-165

KIESSLING, A.-H., C. REYHER, M. PHILIPP, A. BEIRAS-FERNANDEZ u. A. MORITZ (2015):
Original Articles: Real-Time Measurement of Rectal Mucosal Microcirculation During Cardiopulmonary Bypass.
J Cardiothor Vasc An 29, 89-94

KIRKMAN, E., H. ZHANG, H. SPAPEN, R. A. LITTLE u. J. L. VINCENT (1995):
Effects of afferent neural stimulation on critical oxygen delivery: a hemodynamic explanation.
Am J Physiol 269, 1448-1454

KLEIN, L. u. J. SHERMAN (1977):
Effects of Preanesthetic Medication, Anesthesia, and Position of Recumbency on Central Venous-Pressure in Horses.
J Am Vet Med Assoc 170, 216-219

KNAUS, A. E., V. MUTHIG, S. SCHICKINGER, E. MOURA, N. BEETZ, R. GILSBACH u. L. HEIN (2007):
Alpha2-adrenoceptor subtypes--unexpected functions for receptors and ligands derived from gene-targeted mouse models.
Neurochem Int 51, 277-281

KNOBLOCH, K., R. KRAEMER, A. LICHTENBERG, M. JAGODZINSKI, T. GOSSLING, M. RICHTER, J. ZEICHEN, T. HUFNER u. C. KRETTEK (2006):
Achilles tendon and paratendon microcirculation in midportion and insertional tendinopathy in athletes.
Am J Sport Med 34, 92-97

KOCH, M., D. DE BACKER, J. L. VINCENT, L. BARVAIS, D. HENNART u. D. SCHMARTZ (2008):
Effects of propofol on human microcirculation.
Brit J Anaesth 101, 473-478

KOLB, E. (1963):
The Metabolism of Iron in Farm Animals under Normal and Pathologic Conditions.
Adv Vet Sci 8, 49-114

KOLLER, A. u. G. KALEY (1991):
Endothelial regulation of wall shear stress and blood flow in skeletal muscle microcirculation.
Am J Physiol 260, 862-868

KÖNIG, H. E. u. H. GERHARDS (2010):
Verdauungsorgane und Milz.
In: H. WISSDORF, H. GERHARDS, B. HUSKAMP und E. DEEGEN (Hrsg.), Praxisorientierte Anatomie des Pferdes
Aufl., Verlag M. & H. Schaper Alfeld - Hannover, Hannover, S. 681 - 719

KOWALCZYK, M., A. FIJALKOWSKA u. A. NESTOROWICZ (2013):
New generation pulse oximetry in the assessment of peripheral perfusion during general anaesthesia - a comparison between propofol and desflurane.
Anaesthesiol Intensive Ther 45, 138-144

KROGH, A. (1919):
The number and distribution of capillaries in muscles with calculations of the oxygen pressure head necessary for supplying the tissue.
J Physiol 52, 409-415

KRUG, A. (2006):
Mikrozirkulation und Sauerstoffversorgung des Gewebes - Methode des so genannten O2C (oxygen to see).
Phlebologie 35, 300-312

KUSHIRO, T., K. YAMASHITA, M. A. UMAR, S. MAEHARA, S. WAKAIKI, R. ABE, T. SENO, K. TSUZUKI, Y. IZUMISAWA u. W. W. MUIR (2005):
Anesthetic and cardiovascular effects of balanced anesthesia using constant rate infusion of midazolam-ketamine-medetomidine with inhalation of oxygen-sevoflurane (MKM-OS anesthesia) in horses.
J Vet Med Sci 67, 379-384

LANGER, S., A. G. HARRIS, P. BIBERTHALER, E. VON DOBSCHUETZ u. K. MESSMER (2001):
Orthogonal polarization spectral imaging as a tool for the assessment of hepatic microcirculation: a validation study.
Transplantation 71, 1249-1256

LANGER, S. Z. (1980):
Presynaptic regulation of the release of catecholamines.
Pharmacol Rev 32, 337-362

LANGLEY, M. S. u. R. C. HEEL (1988):
Propofol. A review of its pharmacodynamic and pharmacokinetic properties and use as an intravenous anaesthetic.
Drugs 35, 334-372

LASSEN, N. A., J. LINDBJERG u. O. MUNCK (1964):
MEASUREMENT OF BLOOD-FLOW THROUGH SKELETAL MUSCLE BY INTRAMUSCULAR INJECTION OF XENON-133.
Lancet 283, 686-689

LAVOIE, J. P., J. R. PASCOE u. C. J. KURPERSHOEK (1992):
Effect of Head and Neck Position on Respiratory Mechanics in Horses Sedated with Xylazine.
Am J Vet Res 53, 1652-1657

LE BARS, D., M. GOZARIU u. S. W. CADDEN (2001):
Animal models of nociception.
Pharmacol Rev 53, 597-652

LEE, D. J., D. L. ROBINSON u. N. SONI (1996):
Efficiency of a circle system for short surgical cases: comparison of desflurane with isoflurane.
Brit J Anaesth 76, 780-782

LEE, Y.-H. L., K. W. CLARKE u. H. I. K. ALIBHAI (1998a):
Effects on the intramuscular blood flow and cardiopulmonary function of anaesthetised ponies of changing from halothane to isoflurane maintenance and vice versa.
Vet Rec 143, 629-633

LEE, Y. H., K. W. CLARKE, H. I. ALIBHAI u. D. SONG (1998b):
Effects of dopamine, dobutamine, dopexamine, phenylephrine, and saline solution on intramuscular blood flow and other cardiopulmonary variables in halothane-anesthetized ponies.
Am J Vet Res 59, 1463-1472

LEVIONNOIS, O. L., C. SPADAVECCHIA, P. W. KRONEN u. U. SCHATZMANN (2009):
Determination of the minimum alveolar concentration of isoflurane in Shetland ponies using constant current or constant voltage electrical stimulation.
Vet Anaesth Analg 36, 9-17

LINDSAY, W. A., G. M. ROBINSON, D. B. BRUNSON u. L. J. MAJORS (1989):
Induction of equine postanesthetic myositis after halothane-induced hypotension.
Am J Vet Res 50, 404-410

LINK, R. E., K. DESAI, L. HEIN, M. E. STEVENS, A. CHRUSCINSKI, D. BERNSTEIN, G. S. BARSH u. B. K. KOBILKA (1996):
Cardiovascular regulation in mice lacking alpha2-adrenergic receptor subtypes b and c.
Science 273, 803-805

LIVINGSTON, J. S. (1860):
On the Anaesthetic Effects of Chloroform, Ether, and Amylene, on Sensitive Plants.
T Botan Soc Edin 6, 323-325

LOCKHART, S. H., I. J. RAMPIL, N. YASUDA, E. I. EGER, 2ND u. R. B. WEISKOPF (1991):
Depression of ventilation by desflurane in humans.
Anesthesiology 74, 484-488

LONGNECKER, D. u. P. HARRIS (1980):
Microcirculatory actions of general anesthetics.
In: Federation proceedings, 1580-1583

MACEACHERN, K. E., G. L. SMITH u. A. M. NOLAN (2004):
Characteristics of the in vitro hypoxic pulmonary vasoconstrictor response in isolated equine and bovine pulmonary arterial rings.
Vet Anaesth Analg 31, 239-249

MAGDESIAN, K. G., C. L. FIELDING, D. M. RHODES u. R. E. RUBY (2006):
Changes in central venous pressure and blood lactate concentration in response to acute blood loss in horses.
J Am Vet Med Assoc 229, 1458-1462

MAMA, K. R., P. J. PASCOE, E. P. STEFFEY u. C. KOLLIAS-BAKER (1998):
Comparison of two techniques for total intravenous anesthesia in horses.
Am J Vet Res 59, 1292-1298

MAMA, K. R., E. P. STEFFEY u. P. J. PASCOE (1995):
Evaluation of propofol as a general anesthetic for horses.
Vet Surg 24, 188-194

MAMA, K. R., E. P. STEFFEY u. P. J. PASCOE (1996):
Evaluation of propofol for general anesthesia in premedicated horses.
Am J Vet Res 57, 512-516

MANOHAR, M. u. T. E. GOETZ (1985):
Cerebral, renal, adrenal, intestinal, and pancreatic circulation in conscious ponies and during 1.0, 1.5, and 2.0 minimal alveolar concentrations of halothane-O2 anesthesia.
Am J Vet Res 46, 2492-2497

MANOHAR, M., R. GUSTAFSON, T. E. GOETZ u. D. NGANWA (1987a):
Systemic distribution of blood flow in ponies during 1.45%, 1.96%, and 2.39% end-tidal isoflurane-O2 anesthesia.
Am J Vet Res 48, 1504-1510

MANOHAR, M., R. GUSTAFSON u. D. NGANWA (1987b):
Skeletal-Muscle Perfusion during Prolonged 2.03-Percent End-Tidal Isoflurane-O-2 Anesthesia in Isocapnic Ponies.
Am J Vet Res 48, 946-951

MANSEL, J. C. u. R. E. CLUTTON (2008):
The influence of body mass and thoracic dimensions on arterial oxygenation in anaesthetized horses and ponies.
Vet Anaesth Analg 35, 392-399

MATHESON, P. J., M. A. WILSON u. R. N. GARRISON (2000):
Regulation of intestinal blood flow.
J Surg Res 93, 182-196

MATHURA, K. R., K. C. VOLLEBREGT, K. BOER, J. C. DE GRAAFF, D. T. UBBINK u. C. INCE (2001):
Comparison of OPS imaging and conventional capillary microscopy to study the human microcirculation.
J Appl Physiol (1985) 91, 74-78

MATSUKURA, I., Y. INOUE u. T. IWAI (2003):
Transanal Laser Doppler Flowmetry to Assess Microcirculation in the Upper Rectum During Abdominal Aortic Aneurysmectomy.
Surg Today 33, 812-816

MATTHEWS, N. S., S. M. HARTSFIELD, J. L. CORNICK, J. D. WILLIAMS u. A. BEASLEY (1991):
A Comparison of Injectable Anesthetic Combinations in Horses.
Vet Surg 20, 268-273

MATTHEWS, N. S., S. M. HARTSFIELD, B. HAGUE, G. L. CARROLL u. C. E. SHORT (1999):
Detomidine-propofol anesthesia for abdominal surgery in horses.
Vet Surg 28, 196-201

MCMURPHY, R. M. u. D. S. HODGSON (1995):
The Minimum Alveolar Concentration of Desflurane in Cats.
Vet Surg 24, 453-455

MCMURPHY, R. M. u. D. S. HODGSON (1996):
Cardiopulmonary effects of desflurane in cats.
Am J Vet Res 57, 367-370

MELLSTROM, A., P. MANSSON, K. JONSSON u. M. HARTMANN (2009):
Measurements of subcutaneous tissue PO2 reflect oxygen metabolism of the small intestinal mucosa during hemorrhage and resuscitation. An experimental study in pigs.
Eur Surg Res 42, 122-129

MERIN, R. G., J. M. BERNARD, M. F. DOURSOUT, M. COHEN u. J. E. CHELLY (1991):
Comparison of the effects of isoflurane and desflurane on cardiovascular dynamics and regional blood flow in the chronically instrumented dog.
Anesthesiology 74, 568-574

MERKEL, G. u. E. I. EGER, 2ND (1963):
A comparative study of halothane and halopropane anesthesia including method for determining equipotency.
Anesthesiology 24, 346-357

MEYER, H. u. C. E. OVERTON (1901):
Studien über die Narkose. Zugleich ein Beitrag zur allgemeinen Pharmakologie.
Gustaf Fischer, Jena, 193

MIRANDA, M. L., M. M. BALARINI u. E. BOUSKELA (2015):
Dexmedetomidine attenuates the microcirculatory derangements evoked by experimental sepsis.
Anesthesiology 122, 619-630

MOENS, Y., E. LAGERWEIJ, P. GOOTJES u. J. POORTMAN (1995):
Distribution of inspired gas to each lung in the anaesthetised horse and influence of body shape.
Equine Vet J 27, 110-116

MOORE, M. A., R. B. WEISKOPF, E. I. EGER, 2ND, M. NOORANI, L. MCKAY u. M. DAMASK (1994):
Rapid 1% increases of end-tidal desflurane concentration to greater than 5% transiently increase heart rate and blood pressure in humans.
Anesthesiology 81, 94-98

MUIR, W. W., P. LERCHE u. D. ERICHSON (2009):
Anaesthetic and cardiorespiratory effects of propofol at 10% for induction and 1% for maintenance of anaesthesia in horses.
Equine Vet J 41, 578-585

MUIR, W. W. u. R. SAMS (1992):
Effects of ketamine infusion on halothane minimal alveolar concentration in horses.
Am J Vet Res 53, 1802-1806

MUIR, W. W., R. T. SKARDA u. D. W. MILNE (1976):
Estimation of cardiac output in the horse by thermodilution techniques.
Am J Vet Res 37, 697-700

MUIR, W. W. u. M. L. WELLMAN (2003):
Hemoglobin solutions and tissue oxygenation.
J Vet Intern Med 17, 127-135

MÜLLER, C., K. HOPSTER, C. HOPSTER-IVERSEN, K. ROHN u. S. B. R. KÄSTNER (2012):
Elaboration of a xylazine and dexmedetomidine infusion regime which provides a constant level of sedation in horses.
Pferdeheilkunde 28, 668-674

MURRELL, J. C. u. L. J. HELLEBREKERS (2005):
Medetomidine and dexmedetomidine: a review of cardiovascular effects and antinociceptive properties in the dog.
Vet Anaesth Analg 32, 117-127

NATHAN, A. T. u. M. SINGER (1999):
The oxygen trail: tissue oxygenation.
Brit Med Bull 55, 96-108

NELSON, B. B., E. E. LORDAN u. D. M. HASSEL (2013):
Risk factors associated with gastrointestinal dysfunction in horses undergoing elective procedures under general anaesthesia.
Equine Veterinary Journal 8-14

NICHOLAS, A. P., V. PIERIBONE u. T. HOKFELT (1993):
Distributions of mRNAs for alpha-2 adrenergic receptor subtypes in rat brain: an in situ hybridization study.
J Comp Neurol 328, 575-594

NILSSON, G. E. (1984):
Signal processor for laser Doppler tissue flowmeters.
Med Biol Eng Comput 22, 343-348

NOLAN, A. (1982):
DISOPROFOL ANAESTHESIA IN HORSES - A PRELIMINARY REPORT.
Vet Anaest Analg 10, 204

NOLAN, A. u. J. REID (1993):
Pharmacokinetics of propofol administered by infusion in dogs undergoing surgery.
Brit J Anaesth 70, 546-551

NOLAN, A., J. REID, E. WELSH, D. FLAHERTY, R. MCCORMACK u. A. M. MONTEIRO (1996):
Simultaneous infusions of propofol and ketamine in ponies premedicated with detomidine: A pharmacokinetic study.
Res Vet Sci 60, 262-266

NOLAN, A. M. u. J. P. CHAMBERS (1989):
The use of propofol as an induction agent after detomidine premedication in ponies.
Vet Anaesth Analg 16, 30-32

NOLAN, A. M. u. L. W. HALL (1985):
Total intravenous anaesthesia in the horse with propofol.
Equine Vet J 17, 394-398

NORMAN, W. M., M. H. COURT, N. H. DODMAN u. F. S. PIPERS (1992):
Measurement of muscle surface capillary blood flow by laser Doppler flowmetry.
Vet Surg 21, 491-493

NUNN, J. F., J. E. STURROCK, E. J. WILLS, J. E. RICHMOND u. C. K. MCPHERSON (1974):
The effect of inhalational anaesthetics on the swimming velocity of Tetrahymena pyriformis.
J Cell Sci 15, 537-554

O'RIORDAN, J., H. O'BEIRNE, Y. YOUNG u. M. BELLAMY (1997):
Effects of desflurane and isoflurane on splanchnic microcirculation during major surgery.
Brit J Anaesth 78, 95-96

OBERG, P. A., G. E. NILSSON, T. TENLAND, A. HOLMSTROM u. D. H. LEWIS (1979):
Use of a New Laser Doppler Flowmeter for Measurement of Capillary Blood-Flow in Skeletal-Muscle after Bullet Wounding.
Acta Chir Scand 145-150

OHTA, M., K. OKU, K. MUKAI, K. AKIYAMA u. Y. MIZUNO (2004):
Propofol-ketamine anesthesia for internal fixation of fractures in racehorses.
J Vet Med Sci 66, 1433-1436

OKU, K., M. OHTA, T. KATOH, H. MORIYAMA, K. KUSANO u. T. FUJINAGA (2006):
Cardiovascular effects of continuous propofol infusion in horses.
J Vet Med Sci 68, 773-778

OKU, K., M. OHTA, T. YAMANAKA, Y. MIZUNO u. T. FUJINAGA (2005):
The minimum infusion rate (MIR) of propofol for total intravenous anesthesia after premedication with xylazine in horses.
J Vet Med Sci 67, 569-575

PAGEL, P. S., J. P. KAMPINE, W. T. SCHMELING u. D. C. WARLTIER (1991):
Comparison of the systemic and coronary hemodynamic actions of desflurane, isoflurane, halothane, and enflurane in the chronically instrumented dog.
Anesthesiology 74, 539-551

PANZER, O., V. MOITRA u. R. N. SLADEN (2009):
Pharmacology of sedative-analgesic agents: dexmedetomidine, remifentanil, ketamine, volatile anesthetics, and the role of peripheral mu antagonists.
Crit Care Clin 25, 451-469

PASCOE, P. J., M. RAEKALLIO, E. KUUSELA, B. MCKUSICK u. M. GRANHOLM (2006):
Changes in the minimum alveolar concentration of isoflurane and some cardiopulmonary measurements during three continuous infusion rates of dexmedetomidine in dogs.
Vet Anaesth Analg 33, 97-103

PATON, W. D. u. E. S. VIZI (1969):
The inhibitory action of noradrenaline and adrenaline on acetylcholine output by guinea-pig ileum longitudinal muscle strip.
Brit J Pharmacol 35, 10-28

PETERHOFF, M., A. SIEG, M. BREDE, C. M. CHAO, L. HEIN u. S. ULLRICH (2003):
Inhibition of insulin secretion via distinct signaling pathways in alpha(2)-adrenoceptor knockout mice.
Eur J Endocrinol 149, 343-350

POLAK, F. (1992):
Doppler sonography: An overview.
Peripheral vascular sonography: A practical guide 1-47

PRINGLE, J., C. ROBERTS, T. ART u. P. LEKEUX (2000):
Assessment of muscle oxygenation in the horse by near infrared spectroscopy.
Equine Vet J 32, 59-64

PRINGLE, J., C. ROBERTS, M. KOHL u. P. LEKEUX (1999):
Near infrared spectroscopy in large animals: optical pathlength and influence of hair covering and epidermal pigmentation.
Vet J 158, 48-52

PRYS-ROBERTS, C. (1980):
Practical and pharmacological implications of continuous intravenous anesthesia.
Acta Anaesthesiol Belg 31, 225-230

PYPENDOP, B. H. u. J. P. VERSTEGEN (1998):
Hemodynamic effects of medetomidine in the dog: A dose titration study.
Vet Surg 27, 612-622

QIAN, J., Z. YANG, J. CAHOON, J. XU, C. ZHU, M. YANG, X. HU, S. SUN u. W. TANG (2014):
Experimental paper: Post-resuscitation intestinal microcirculation: Its relationship with sublingual microcirculation and the severity of post-resuscitation syndrome.
Resuscitation 85, 833-839

QUASHA, A. L., E. I. EGER, 2ND u. J. H. TINKER (1980):
Determination and applications of MAC.
Anesthesiology 53, 315-334

RAISIS, A. L. (2005a):
Skeletal muscle blood flow in anaesthetized horses. Part I: measurement techniques.
Vet Anaesth Analg 32, 324-330

RAISIS, A. L. (2005b):
Skeletal muscle blood flow in anaesthetized horses. Part II: Effects of anaesthetics and vasoactive agents.
Vet Anaesth Analg 32, 331-337

RAISIS, A. L., L. E. YOUNG, H. B. MEIRE, P. M. TAYLOR, K. J. BLISSITT, D. MARLIN u. P. LEKEUX (2000a):
Measurements of hindlimb blood flow recorded using Doppler ultrasound during administration of vasoactive agents in halothane-anesthetized horses.
Vet Radiol Ultrasoun 41, 64-72

RAISIS, A. L., L. E. YOUNG, H. B. MEIRE, P. M. TAYLOR, K. WALSH u. P. LEKEUX (2000b):
Variability of Doppler ultrasound measurements of hind limb blood flow in conscious horses.
Equine Vet J 32, 125-132

RAISIS, A. L., L. E. YOUNG, P. M. TAYLOR, K. P. WALSH u. P. LEKEUX (2000c):
Doppler ultrasonography and single-fiber laser Doppler flowmetry for measurement of hind limb blood flow in anesthetized horses.
Am J Vet Res 61, 286-290

RAMPIL, I. J., S. H. LOCKHART, M. S. ZWASS, N. PETERSON, N. YASUDA, E. I. EGER, 2ND, R. B. WEISKOPF u. M. C. DAMASK (1991):
Clinical characteristics of desflurane in surgical patients: minimum alveolar concentration.
Anesthesiology 74, 429-433

RANHEIM, B., A. I. RISBERG, C. SPADAVECCHIA, R. LANDSEM u. H. A. HAGA (2015):
The pharmacokinetics of dexmedetomidine administered as a constant rate infusion in horses.
J Vet Pharmacol Ther 38, 93-96

RAU, V., S. V. IYER, I. OH, D. CHANDRA, N. HARRISON, E. I. EGER, M. S. FANSELOW, G. E. HOMANICS u. J. M. SONNER (2009):
Gamma-Aminobutyric Acid Type A Receptor Alpha 4 Subunit Knockout Mice Are Resistant to the Amnestic Effect of Isoflurane.
Anesth Analg 109, 1816-1822

REICHERT, C., S. B. R. KASTNER, K. HOPSTER, K. ROHN u. A. K. ROTTING (2014):
Use of micro-lightguide spectrophotometry for evaluation of microcirculation in the small and large intestines of horses without gastrointestinal disease.
Am J Vet Res 75, 990-996

REITEMEYER, H., H. J. KLEIN u. E. DEEGEN (1986):
The effect of sedatives on lung function in horses.
Acta Vet Scand Suppl 82, 111-120

RENNEKAMPFF, H., M. PFAU, K. MERZ u. H. SCHALLER (2004):
Non-invasive measurements of microcirculation in the burn wound: 545.
Shock 21, 137

RENNER, J., M. GRÜNEWALD u. B. BEIN (2015):
Patientensicherheit in der Anästhesie–Kann der Anästhesist das Outcome verbessern?
AINS-Anästhesiologie· Intensivmedizin· Notfallmedizin· Schmerztherapie 50, 314-321

REZENDE, M. L., K. N. GRIMSRUD, S. D. STANLEY, E. P. STEFFEY u. K. R. MAMA (2015):
Pharmacokinetics and pharmacodynamics of intravenous dexmedetomidine in the horse.
J Vet Pharmacol Ther 38, 15-23

REZENDE, M. L., A. E. WAGNER, K. R. MAMA, T. H. FERREIRA u. E. P. STEFFEY (2011):
Effects of intravenous administration of lidocaine on the minimum alveolar concentration of sevoflurane in horses.
Am J Vet Res 72, 446-451

RHODES, C. u. S. LONGSHAW (1977):
Autoradiographic Distribution Study of a Short-Acting Anesthetic Ici 35,868.
Acta Pharmacol Tox 41, 132-133

RINGER, S. K., K. KALCHOFNER, J. BOLLER, A. FURST u. R. BETTSCHART-WOLFENSBERGER (2007):
A clinical comparison of two anaesthetic protocols using lidocaine or medetomidine in horses.
Vet Anaesth Analg 34, 257-268

RIOJA, E., M. SANTOS, F. MARTINEZ TABOADA, J. A. IBANCOVICHI u. F. J. TENDILLO (2006):
Cardiorespiratory and minimum alveolar concentration sparing effects of a continuous intravenous infusion of dexmedetomidine in halothane or isoflurane-anaesthetized rats.
Lab Anim 40, 9-15

RISBERG, Å., B. RANHEIM, R. KRONTVEIT, A. LERVIK u. H. A. HAGA (2016):
The cardiovascular status of isoflurane-anaesthetized horses with and without dexmedetomidine constant rate infusion evaluated at equivalent depths of anaesthesia.
Vet Anaesth Analg 43, 412-423

RISBERG, Å., C. SPADAVECCHIA, B. RANHEIM, R. KRONTVEIT u. H. A. HAGA (2014):
Antinociceptive effects of three escalating dexmedetomidine and lignocaine constant rate infusions in conscious horses.
Vet J 202, 489-497

ROBERTSON, S. A., S. JOHNSTON u. J. BEEMSTERBOER (1992):
Cardiopulmonary, Anesthetic, and Postanesthetic Effects of Intravenous Infusions of Propofol in Greyhounds and Non-Greyhounds.
Am J Vet Res 53, 1027-1032

ROBINSON, E. P. u. C. C. NATALINI (2002):
Epidural anesthesia and analgesia in horses.
Vet Clin North Am Equine Pract 18, 61-82, vi

ROBINSON, N. E. (2009):
The Respiratory System.
In: W. W. MUIR, HUBBELL, JOHN A.E. (Hrsg.), Equine Anesthesia - Monitoring and Emergency Therapy
2. Aufl., Saunders Elsevier, St. Louis, Missouri, S. 11-36

ROHRBACH, H., T. KORPIVAARA, U. SCHATZMANN u. C. SPADAVECCHIA (2009):
Comparison of the effects of the alpha-2 agonists detomidine, romifidine and xylazine on nociceptive withdrawal reflex and temporal summation in horses.
Vet Anaesth Analg 36, 384-395

SAINZ, A., J. CABAU u. V. C. ROBERTS (1995):
Deceleration vs. acceleration: a haemodynamic parameter in the assessment of vascular reactivity. A preliminary study.
Med Eng Phys 17, 91-95

SANTOS, M., M. FUENTE, R. GARCIA-ITURRALDE, R. HERRAN, J. LOPEZ-SANROMAN u. F. J. TENDILLO (2003):
Effects of alpha-2 adrenoceptor agonists during recovery from isoflurane anaesthesia in horses.
Equine Vet J 35, 170-175

SANTOS, M., J. LOPEZ-SANROMAN, P. GARCIA-ITURRALDE, M. FUENTE u. F. J. TENDILLO (2005):
Cardiopulmonary effects of desflurane in horses.
Vet Anaesth Analg 32, 355-359

SAZUKA, S., N. MATSUURA u. T. ICHINOHE (2012):
Anesthesia/facial pain: Dexmedetomidine Dose Dependently Decreases Oral Tissue Blood Flow During Sevoflurane and Propofol Anesthesia in Rabbits.
J Oral Maxil Surg 70, 1808-1814

SCHEININ, M., J. W. LOMASNEY, D. M. HAYDEN-HIXSON, U. B. SCHAMBRA, M. G. CARON, R. J. LEFKOWITZ u. R. T. FREMEAU, JR. (1994):
Distribution of alpha 2-adrenergic receptor subtype gene expression in rat brain.
Brain Res Mol Brain Res 21, 133-149

SCHEININ, M. u. D. A. SCHWINN (1992):
The locus coeruleus. Site of hypnotic actions of alpha 2-adrenoceptor agonists?
Anesthesiology 76, 873-875

SCHOLZ, D., T. ZIEGELHOEFFER, A. HELISCH, S. WAGNER, C. FRIEDRICH, T. PODZUWEIT u. W. SCHAPER (2002):
Contribution of arteriogenesis and angiogenesis to postocclusive hindlimb perfusion in mice.
J Mol Cell Cardiol 34, 775-787

SCHUTTLER, J., H. SCHWILDEN u. H. STOECKEL (1986):
Pharmacokinetic-Dynamic Modeling of Diprivan.
Anesthesiology 65, A549-A549

SCHWARTE, L. A., A. FOURNELL, J. VAN BOMMEL u. C. INCE (2005):
Redistribution of intestinal microcirculatory oxygenation during acute hemodilution in pigs.
J Appl Physiol (1985) 98, 1070-1075

SCHWARZWALD, C. C., J. D. BONAGURA u. J. R. MUIR (2009):
The Cardiovascular System.
In: J. R. MUIR und J. A. HUBBELL (Hrsg.), Equine Anesthesia - Monitoring and Emergency Therapy
Aufl., Saunders Elsevier, St. Louis, Missouri 63146, S. 37 - 100

SCOTT, E. A. u. G. A. SANDLER (1978a):
Electromagnetic blood flowmeters and flow probes: theoretic and practical considerations.
Am J Vet Res 39, 1567-1571

SCOTT, E. A. u. G. A. SANDLER (1978b):
Electromagnetic measurements of metacarpal and digital blood flow in the pony.
Am J Vet Res 39, 1853-1855

SEGAL, I. S., R. G. VICKERY u. M. MAZE (1989):
Dexmedetomidine decreases halothane anesthetic requirements in rats.
Acta Vet Scand Suppl 85, 55-59

SEGAL, I. S., R. G. VICKERY, J. K. WALTON, V. A. DOZE u. M. MAZE (1988):
Dexmedetomidine diminishes halothane anesthetic requirements in rats through a postsynaptic alpha 2 adrenergic receptor.
Anesthesiology 69, 818-823

SELLGREN, J., H. EJNELL, M. ELAM, J. PONTEN u. B. G. WALLIN (1994):
Sympathetic Muscle Nerve Activity, Peripheral-Blood Flows, and Baroreceptor Reflexes in Humans during Propofol Anesthesia and Surgery.
Anesthesiology 80, 534-544

SERTEYN, D., P. COPPENS, E. MOTTART, S. MICHELET, J. MICHEELS, C. PHILIPPART u. M. LAMY (1987):
Measurements of Muscular Microcirculation by Laser Doppler Flowmetry in Isoflurane and Halothane Anesthetized Horses.
Vet Rec 121, 324-326

SHORT, C. E. u. A. BUFALARI (1999):
Propofol anesthesia.
Vet Clin North Am Small Anim Pract 29, 747-778

SIGGAARD-ANDERSEN, O., A. ULRICH u. I. H. GOTHGEN (1995):
Classes of tissue hypoxia.
Acta Anaesthesiol Scand Suppl 107, 137-142

SILBERNAGL, S. A., DESPOPOULOS (1991):
Taschenatlas der Physiologie.
Thieme, Stuttgart, 371

SIMONS, P. J., I. D. COCKSHOTT, E. J. DOUGLAS, E. A. GORDON, K. HOPKINS u. M. ROWLAND (1985):
Blood-Concentrations, Metabolism and Elimination after a Sub-Anesthetic Intravenous Dose of C-14 Propofol (Diprivan) to Male-Volunteers.
Postgrad Med J 61, 64-64

SIMONS, P. J., I. D. COCKSHOTT, E. J. DOUGLAS, E. A. GORDON, K. HOPKINS u. M. ROWLAND (1988):
Disposition in Male-Volunteers of a Subanaesthetic Intravenous Dose of an Oil in Water Emulsion of Propofol-C-14.
Xenobiotica 18, 429-440

SINGEL, D. J. u. J. S. STAMLER (2005):
Chemical physiology of blood flow regulation by red blood cells: the role of nitric oxide and S-nitrosohemoglobin.
Annu Rev Physiol 67, 99-145

SKIMMING, J. W., S. CASSIN u. W. W. NICHOLS (1997):
Calculating vascular resistances.
Clin Cardiol 20, 805

SMITH, I., P. F. WHITE, M. NATHANSON u. R. GOULDSON (1994):
Propofol - an Update on Its Clinical Use.
Anesthesiology 81, 1005-1043

SMITS, G. J., R. J. ROMAN u. J. H. LOMBARD (1986):
Evaluation of laser-Doppler flowmetry as a measure of tissue blood flow.
J Appl Physiol (1985) 61, 666-672

SOARES, J. H., R. J. BROSNAN, F. B. FUKUSHIMA, J. HODGES u. H. LIU (2012):
Solubility of haloether anesthetics in human and animal blood.
Anesthesiology 117, 48-55

SONNER, J. M. (2002):
Issues in the design and interpretation of minimum alveolar anesthetic concentration (MAC) studies.
Anesth Analg 95, 609-614

SONNER, J. M., J. F. ANTOGNINI, R. C. DUTTON, P. FLOOD, A. T. GRAY, R. A. HARRIS, G. E. HOMANICS, J. KENDIG, B. ORSER, D. E. RAINES, I. J. RAMPIL, J. TRUDELL, B. VISSEL u. E. I. EGER, 2ND (2003):
Inhaled anesthetics and immobility: mechanisms, mysteries, and minimum alveolar anesthetic concentration.
Anesth Analg 97, 718-740

SPADAVECCHIA, C., F. STUCKI, Y. MOENS u. U. SCHATZMANN (2002):
Anaesthesia in horses using halothane and intravenous ketamine-guaiphenesin: a clinical study.
Vet Anaesth Analg 29, 20-28

STABERNACK, C., J. M. SONNER, M. LASTER, Y. ZHANG, Y. XING, M. SHARMA u. E. I. EGER, 2ND (2003):
Spinal N-methyl-d-aspartate receptors may contribute to the immobilizing action of isoflurane.
Anesth Analg 96, 102-107, table of contents

STADDON, G. E., B. M. WEAVER u. A. I. WEBB (1979):
Distribution of cardiac output in anaesthetised horses.
Res Vet Sci 27, 38-45

STARKE, K. (2009):
Grundlagen der Pharmakologie des Nervensystems.
In: C. AKTORIES, FÖRTSTERMANN, U., HOFMANN, F., STARKE, K. (Hrsg.), Allgemeine und spezielle Pharmakologie und Toxikologie
Aufl., ELSEVIER Urban & Fischer, S. 126-127

STEFFEY, E. P. (2009):
Inhalation Anesthetics and Gases.
In: W. W. MUIR, HUBBEL JOHN. A. E. (Hrsg.), Equine Anesthesia - Monitoring and Emergency Therapy
2. Aufl., Saunders Elsevier, St. Louis, Missouri, S. 288-314

STEFFEY, E. P., C. I. DUNLOP, T. B. FARVER, M. J. WOLINER u. L. J. SCHULTZ (1987):
Cardiovascular and respiratory measurements in awake and isoflurane-anesthetized horses.
Am J Vet Res 48, 7-12

STEFFEY, E. P. u. D. HOWLAND (1980a):
Comparison of Circulatory and Respiratory Effects of Isoflurane and Halothane Anesthesia in Horses.
Am J Vet Res 41, 821-825

STEFFEY, E. P. u. D. HOWLAND, JR. (1978):
Cardiovascular effects of halothane in the horse.
Am J Vet Res 39, 611-615

STEFFEY, E. P. u. D. HOWLAND, JR. (1980b):
Comparison of circulatory and respiratory effects of isoflurane and halothane anesthesia in horses.
Am J Vet Res 41, 821-825

STEFFEY, E. P., D. HOWLAND, JR., S. GIRI u. E. I. EGER, 2ND (1977):
Enflurane, halothane, and isoflurane potency in horses.
Am J Vet Res 38, 1037-1039

STEFFEY, E. P., P. J. PASCOE, M. J. WOLINER u. E. R. BERRYMAN (2000):
Effects of xylazine hydrochloride during isoflurane-induced anesthesia in horses.
Am J Vet Res 61, 1225-1231

STEFFEY, E. P., M. J. WOLINER, B. PUSCHNER u. F. D. GALEY (2005):
Effects of desflurane and mode of ventilation on cardiovascular and respiratory functions and clinicopathologic variables in horses.
Am J Vet Res 66, 669-677

STERN, M. D., D. L. LAPPE, P. D. BOWEN, J. E. CHIMOSKY, G. A. HOLLOWAY, JR., H. R. KEISER u. R. L. BOWMAN (1977):
Continuous measurement of tissue blood flow by laser-Doppler spectroscopy.
Am J Physiol 232, H441-448

SUNDBERG, S. (1984):
Acute effects and long-term variations in skin blood flow measured with laser Doppler flowmetry.
Scand J Clin Lab Invest 44, 341-345

TAKALA, J. (1996):
Determinants of splanchnic blood flow.
Brit J Anaesth 77, 50-58

TAYLOR, P., K. COUMBE, F. HENSON, D. SCOTT u. A. TAYLOR (2014):
Evaluation of sedation for standing clinical procedures in horses using detomidine combined with buprenorphine.
Vet Anaesth Analg 41, 14-24

TAYLOR, P. M. (1989a):
Adrenocortical response to propofol infusion in ponies: a preliminary report.
Vet Anaest Analg 16, 12

TAYLOR, P. M. (1989b):
Equine stress responses to anaesthesia.
Brit J Anaesth 63, 702-709

TAYLOR, P. M., A. P. BROWNING u. C. P. HARRIS (1988):
Detomidine-butorphanol sedation in equine clinical practice.
Vet Rec 123, 388-390

TAYLOR, P. M., S. P. L. LUNA, J. W. SEAR u. M. J. WHEELER (1995):
Total Intravenous Anesthesia in Ponies Using Detomidine, Ketamine and Guaiphenesin - Pharmacokinetics, Cardiopulmonary and Endocrine Effects.
Res Vet Sci 59, 17-23

TENDILLO, F. J., A. MASCIAS, M. SANTOS, J. LOPEZSANROMAN, R. DEROSSI, F. SANROMAN u. I. A. G. DESEGURA (1997):
Anesthetic potency of desflurane in the horse: Determination of the minimum alveolar concentration.
Vet Surg 26, 354-357

THURMON, J. C., J. C. KO, G. J. BENSON, W. J. TRANQUILLI u. W. A. OLSON (1994):
Hemodynamic and analgesic effects of propofol infusion in medetomidine-premedicated dogs.
Am J Vet Res 55, 363-367

THURMON, J. C., E. P. STEFFEY, J. G. ZINKL, M. WOLINER u. D. HOWLAND, JR. (1984):
Xylazine causes transient dose-related hyperglycemia and increased urine volumes in mares.
Am J Vet Res 45, 224-227

TONNER, P. H. (2005):
Balanced anaesthesia today.
Best Pract Res Clin Anaesthesiol 19, 475-484

TRANQUILLI, W. J., M. MANOHAR, J. C. THURMON, G. J. BENSON, R. V. SHAWLEY u. D. L. FELLER (1981):
Surgical technique and considerations for implantation of electromagnetic blood flow transducer and occluder onto the coronary arteries.
Am J Vet Res 42, 892-895

TRANQUILLI, W. J., J. C. THURMON, C. A. NEFF-DAVIS, L. E. DAVIS, G. J. BENSON, W. HOFFMAN u. T. F. LOCK (1984):
Hyperglycemia and hypoinsulinemia during xylazine-ketamine anesthesia in Thoroughbred horses.
Am J Vet Res 45, 11-14

UILENREEF, J. J., J. C. MURRELL, B. C. MCKUSICK u. L. J. HELLEBREKERS (2008):
Dexmedetomidine continuous rate infusion during isoflurane anaesthesia in canine surgical patients.
Vet Anaesth Analg 35, 1-12

UMAR, M. A., S. FUKUI, K. KAWASE, T. ITAMI u. K. YAMASHITA (2015):
Cardiovascular effects of total intravenous anesthesia using ketamine-medetomidine-propofol (KMP-TIVA) in horses undergoing surgery.
J Vet Med Sci 77, 281-288

UMAR, M. A., K. YAMASHITA, T. KUSHIRO u. W. W. MUIR (2006):
Evaluation of total intravenous anesthesia with propofol or ketamine-medetomidine-propofol combination in horses.
J Am Vet Med Assoc 228, 1221-1227

UMAR, M. A., K. YAMASHITA, T. KUSHIRO u. W. W. MUIR, III (2007):
Evaluation of cardiovascular effects of total intravenous anesthesia with propofol or a combination of ketamine-medetomidine-propofol in horses.
Am J Vet Res 68, 121-127

VALENTE, A. C., R. J. BROSNAN u. A. G. GUEDES (2015):
Desflurane and sevoflurane elimination kinetics and recovery quality in horses.
Am J Vet Res 76, 201-207

VALVERDE, A. (2010):
Alpha-2 Agonists as Pain Therapy in Horses.
Vet Clin North Am Equine Pract 26, 515-532

VALVERDE, A., T. E. MOREY, J. HERNANDEZ u. W. DAVIES (2003):
Validation of several types of noxious stimuli for use in determining the minimum alveolar concentration for inhalation anesthetics in dogs and rabbits.
Am J Vet Res 64, 957-962

VICKERY, R. G., B. C. SHERIDAN, I. S. SEGAL u. M. MAZE (1988):
Anesthetic and hemodynamic effects of the stereoisomers of medetomidine, an alpha 2-adrenergic agonist, in halothane-anesthetized dogs.
Anesth Analg 67, 611-615

VILLALBA, M., I. SANTIAGO u. I. A. GÓMEZ DE SEGURA (2014):
Effects of a constant rate infusion of medetomidine–propofol on isoflurane minimum alveolar concentrations in horses.
Vet J 202, 329-333

VIRTANEN, R., J. M. SAVOLA, V. SAANO u. L. NYMAN (1988):
Characterization of the selectivity, specificity and potency of medetomidine as an alpha 2-adrenoceptor agonist.
Eur J Pharmacol 150, 9-14

WAGNER, A. E., K. R. MAMA, E. P. STEFFEY, L. F. BREVARD u. P. W. HELLYER (2002):
Behavioral responses following eight anesthetic induction protocols in horses.
Vet Anaesth Analg 29, 207-211

WAGNER, A. E., W. W. MUIR, 3RD u. K. W. HINCHCLIFF (1991):
Cardiovascular effects of xylazine and detomidine in horses.
Am J Vet Res 52, 651-657

WALKER, M. u. D. GEISER (1986):
Effects of Acetylpromazine on the Hemodynamics of the Equine Metatarsal Artery, as Determined by Two-Dimensional Real-Time and Pulsed Doppler Ultrasonography.
Am J Vet Res 47, 1075-1078

WARD, D. S., J. F. FESSLER u. G. D. BOTTOMS (1987):
In vitro calibration and surgical implantation of electromagnetic blood flow transducers for measurement of left coronary blood flow and cardiac output in the pony.
Am J Vet Res 48, 1120-1125

WARLTIER, D. C. u. P. S. PAGEL (1992):
Cardiovascular and respiratory actions of desflurane: is desflurane different from isoflurane?
Anesth Analg 75, S17

WATERMAN, A. E., S. A. ROBERTSON u. J. G. LANE (1987):
Pharmacokinetics of intravenously administered ketamine in the horse.
Res Vet Sci 42, 162-166

WEAVER, B. M., C. E. LUNN u. G. E. STADDON (1984):
Muscle perfusion in the horse.
Equine Vet J 16, 66-68

WEISKOPF, R. B., M. K. CAHALAN, E. I. EGER, 2ND, N. YASUDA, I. J. RAMPIL, P. IONESCU, S. H. LOCKHART, B. H. JOHNSON, B. FREIRE u. S. KELLEY (1991):
Cardiovascular actions of desflurane in normocarbic volunteers.
Anesth Analg 73, 143-156

WEISKOPF, R. B., M. A. HOLMES, E. I. EGER, 2ND, B. H. JOHNSON, I. J. RAMPIL u. J. G. BROWN (1988):
Cardiovascular effects of I653 in swine.
Anesthesiology 69, 303-309

WEYMAN, A. E. (1994):
Principles and practice of echocardiography.
Lea and Febiger, Philadelphia, 1335

WHITEHAIR, K. J., E. P. STEFFEY, M. J. WOLINER u. N. H. WILLITS (1996):
Effects of inhalation anesthetic agents on response of horses to three hours of hypoxemia.
Am J Vet Res 57, 351-360

WIESE, A. J., R. J. BROSNAN u. L. S. BARTER (2014):
Effects of acetylcholinesterase inhibition on quality of recovery from isoflurane-induced anesthesia in horses.
Am J Vet Res 75, 223-230

WIKBERG, J. E. (1979):
Synthesis of 3H-acetylcholine in the rabbit lacrimal gland and its release by electrical field stimulation.
Acta Physiol Scand 105, 108-113

WISE, A., M. A. WATSON-KOKEN, S. REES, M. LEE u. G. MILLIGAN (1997):
Interactions of the alpha2A-adrenoceptor with multiple Gi-family G-proteins: studies with pertussis toxin-resistant G-protein mutants.
Biochem J 321 (Pt 3), 721-728

WITTENBERG-VOGES, L., K. HOPSTER, K. ROHN u. S. KÄSTNER (2015):
Einfluss von Alpha-2-Agonisten und MK-467 auf die Mikroperfusion des Gastrointestinaltraktes beim Pferd in Allgemeinanästhesie.
In: DVG-Vet-Congress 2015, 12.-15.11.2015, Berlin, Germany,

YAMASHITA, K., M. SATOH, A. UMIKAWA, A. TSUDA, Y. YAJIMA, S. TSUBAKISHITA, T. SENO, S. KATOH, Y. IZUMISAWA u. T. KOTANI (2000a):
Combination of continuous intravenous infusion using a mixture of guaifenesin-ketamine-medetomidine and sevoflurane anesthesia in horses.
J Vet Med Sci 62, 229-235

YAMASHITA, K., S. TSUBAKISHITA, S. FUTAOK, I. UEDA, H. HAMAGUCHI, T. SENO, S. KATOH, Y. IZUMISAWA, T. KOTANI u. W. W. MUIR (2000b):
Cardiovascular effects of medetomidine, detomidine and xylazine in horses.
J Vet Med Sci 62, 1025-1032

YEH, Y.-C., W.-Z. SUN, W.-J. KO, W.-S. CHAN, S.-Z. FAN, J.-C. TSAI u. T.-Y. LIN (2012):
Dexmedetomidine prevents alterations of intestinal microcirculation that are induced by surgical stress and pain in a novel rat model.
Anesth Analg 115, 46-53

YOUNG, L. E., K. J. BLISSITT, D. H. BARTRAM, R. E. CLUTTON, V. MOLONY u. R. S. JONES (1996):
Measurement of cardiac output by transoesophageal Doppler echocardiography in anaesthetized horses: comparison with thermodilution.
Brit J Anaesth 77, 773-780

YOUNG, L. E., K. J. BLISSITT, R. E. CLUTTON, V. MOLONY u. P. G. DARKE (1995):
Feasibility of transoesophageal echocardiography for evaluation of left ventricular performance in anaesthetised horses.
Equine Vet J Suppl 63-70

ZHANG, Y., M. J. LASTER, K. HARA, R. A. HARRIS, E. I. EGER, 2ND, C. R. STABERNACK u. J. M. SONNER (2003):
Glycine receptors mediate part of the immobility produced by inhaled anesthetics.
Anesth Analg 96, 97-101, table of contents

ZWIEBEL, W. (1992):
Spectrum analysis in Doppler vascular diagnosis.
Introduction to vascular ultrasonography 3rd edn. Saunders, Philadelphia 46-65

9 Anhang

Anhang 1: In der oberen Tabelle sind die Werte für die Sauerstoffsättigung für beide Gruppen angegeben.

In der Gruppe PRO kam es zu einer signifikanten Verringerung der Sauerstoffsättigung beim S, 3 und 6 im Vergleich zur Baselinemessung.

Messzeitpunkt	**Sauerstoffsättigung** (%)	
	DES	PRO
B	75 ± 1	76 ± 3
S	72 ± 2	70 ± 1 #
A 1	75 ± 2	72 ± 2 #
A 2	76 ± 1	76 ± 3
A 3	74 ± 3	74 ± 2
A 4	73 ± 1	73 ± 1 #
MW ± SD	74 ± 2	74 ± 2

Anhang 2: Die Tabelle zeigt den Blutfluss in der Maulschleimhaut für jeden Messzeitpunkt als MW ± SD und für beide Gruppen auf.

* In der Gruppe DES kam es zu einem signifikanten Abfall der Perfusion nach Sedierung mit Dexmedetomidin (p = 0,001) und während des dritten Messzeitpunktes (p = 0,0014) im Vergleich zur Baseline Messung.

In der Gruppe PRO hingegen war ein signifikanter Unterschied des Messzeitpunktes 2 (p = 0,001) und 4 (p = 0,04) im Vergleich zum Messzeitpunkt 1 festzustellen.

Messzeitpunkt	**Blutfluss** (AU)	
	DES	PRO
B	274 ± 8	274 ± 16
S	159 ± 15*	166 ± 12#
A 1	230 ± 45*	257 ± 11
A 2	257 ± 7	253 ± 22#
A 3	262 ± 4	256 ± 28
A 4	260 ± 18	260 ± 11
MW ± SD	240 ± 16	244 ± 17

Anhang 3: Die Tabelle zeigt die Sauerstoffsättigung im Ösophagus als MW ± SD für jeden Messzeitpunkt an.

* signifikanter Unterschied zwischen B und 2 in der Gruppe DES (p = 0,0026)

\# signifikanter Unterschied zwischen B und 2 in der Gruppe PRO (p = 0,001)

Messzeitpunkt	**Sauerstoffsättigung** (%)	
	DES	PRO
B	80 ± 2	81 ± 1
S	76 ± 2*	75 ± 4 #
A 1	81 ± 2	80 ± 2
A 2	79 ± 2	78 ± 2
A 3	80 ± 2	79 ± 2
A 4	79 ± 2	80 ± 1
MW ± SD	79 ± 2	79 ± 2

Anhang 4: Die Tabelle stellt den Blutfluss in der Ösophagusschleimhaut für jeden Messzeitpunkt als MW ± SD und für beide Gruppen dar.

* signifikant niedriger als Baselinewert in der Gruppe DES (S: p < 0,0001 A 1: p < 0,0001; A 2: p < 0,0001; A 3: p < 0,0001; A 4: p < 0,0001)

signifikant niedriger als Baselinewert in der Gruppe PRO (S: p < 0,0001 A 1: p = 0,0003; A 2: p < 0,0001; A 3: p < 0,0001; A 4: p = 0,0003)

Messzeitpunkt	**Blutfluss** (AU)	
	DES	PRO
B	371 ± 7	362 ± 16
S	219 ± 31 *	228 ± 25 #
A 1	328 ± 9 *	323 ± 11 #
A 2	316 ± 9 *	311 ± 11 #
A 3	321 ± 9 *	316 ± 11 #
A 4	318 ± 13 *	322 ± 9 #
MW ± SD	312 ± 13	310 ± 13

Anhang 5: Die Tabelle stellt die Sauerstoffsättigung in der Rektumschleimhaut für jeden Messzeitpunkt als MW ± SD und für beide Gruppen dar.

* signifikant niedriger als Baselinewert in der Gruppe DES ($p < 0{,}0001$)

signifikant niedriger als Baselinewert in der Gruppe PRO ($p < 0{,}0001$)

Messzeitpunkt	**Sauerstoffsättigung** (AU)	
	DES	PRO
B	91 ± 3	91 ± 1
S	81 ± 2 *	80 ± 2 #
A 1	90 ± 2	89 ± 3
A 2	92 ± 2	91 ± 3
A 3	88 ± 2	87 ± 3
A 4	89 ± 3	88 ± 3
MW ± SD	89 ± 2	88 ± 3

Anhang 6: Die Tabelle stellt den Blutfluss in der Rektumschleimhaut für jeden Messzeitpunkt als MW ± SD und für beide Gruppen dar.

* signifikant niedriger als Baselinewert in der Gruppe DES (S: p < 0,0001 A 1: p = 0,0005; A 2: p = 0,004; A 3: p = 0,0002; A 4: p = 0,0001)
# signifikant niedriger als Baselinewert in der Gruppe PRO (S: p < 0,0001; A 1: p < 0,0001; A 2: p = 0,0007; A 3: p < 0,0001; A 4: p < 0,0001)

Messzeitpunkt	**Blutfluss** (AU)	
	DES	PRO
B	463 ± 13	457 ± 18
S	270 ± 26 *	271 ± 27 #
A 1	400 ± 28 *	394 ± 20 #
A 2	412 ± 28 *	406 ± 20 #
A 3	394 ± 28 *	388 ± 20 #
A 4	389 ± 29 *	387 ± 20 #
MW ± SD	388 ± 25	384 ± 21

Anhang 7: Mittlere Atemfrequenz von 6 Pferden, die mit Propofol oder Desfluran in Verbindung mit einer Infusion von Dexmedetomidin in gleicher Anästhesietiefe anästhesiert wurde.

Messzeitpunkt	**Atemfrequenz** (Züge pro min)	
	DES	PRO
A 1	6 ± 1	6 ± 1
A 2	6 ± 1	6 ± 1
A 3	6 ± 1	6 ± 1
A 4	6 ± 1	6 ± 1
MW ± SD	6 ± 1	6 ± 1

Anhang 8:

Recovery quality scale (100-point scale) (Clark-Price et al. 2008)

Auswertung:

Minimale Punktzahl = 11 Punkte

Maximale Punktzahl = 100 Punkte

Nr:	Aktivität (maximale Punktzahl)		Punkte
	Punkte	Beschreibung	

1	**Aktivität in Seitenlage (5)**		
	1	ruhig, gelegentliches Strecken, Anheben des Kopfes	
	3	angespannt,	
	5	strampelnd	
2	**Aufrichten in Sternallage (10)**		
	1	sanft, planmässig	
	5	überstürzt aber kontrolliert	
	10	zusammenbrechen, hinfallen	
	Anzahl der Aufrichtversuche in Sternallage (10)		
	1	0-1	
	3	2	
	5	3	
	7	4	
	8	5	
	10	>5	
4	**Sternalphase (10)**		
	1	organisierte Pause	
	3	nicht existent	
	6	verlängert	
	7	multiple Sternalphasen	
	10	starke Bemühungen um Sternalphase aufrecht zu erhalten	

5	**Aufstehversuche (10)**		
	1	planmässig	
	3	organisiertes Krabbeln	
	6	benutzt Wand als Stütze	
	10	von der Wand abprallend	
6	**Standfestigkeit (10)**		
	1	fast vollständig	
	3	leicht wackelig	
	6	hundesitzig bevor Stand erreicht	
	10	wiederholte Versuche aufgrund von Schwäche	
7	**Anzahl der Aufstehversuche (10)**		
	1	1	
	3	2	
	5	3	
	7	4	
	8	5	
	10	>5	

8	**Balance und Koordination (10)**		
	1	solide	
	3	moderates Schwanken	
	5	reflexartig	
	8	torkelnd	
	10	fällt wieder hin	
9	**Umknicken im Fesselgelenk (5)**		
	1	nicht zu beobachten	
	2	nur Hintergliedmaßen - mild	
	3	nur Hintergliedmaßen - deutlich	
	4	alle vier Gliedmaßen - moderat	
	5	exzessiv, verlängert	
8	**Gesamteindruck (10)**		
	1	ruhig	

	3	ruhig/entschlossen	
	5	ängstlich	
	7	konfus, benommen	
	8	aufgebracht	
	10	rasend/wild	
11	**Erholung Gesamt (10)**		
	1	ausgezeichnet	
	3	gut	
	5	ausreichend	
	7	mangelhaft	
	10	ungenügend	